찬드라세카르가 들려주는 별 이야기

찬드라세카르가 들려주는 별 이야기

초　판　1쇄 발행일 | 2005년 9월 30일
개정판　1쇄 발행일 | 2010년 9월 1일
개정판 11쇄 발행일 | 2021년 5월 31일

지은이 | 정완상
펴낸이 | 정은영
펴낸곳 | (주)자음과모음

출판등록 | 2001년 11월 28일 제2001-000259호
주　　소 | 04047 서울시 마포구 양화로6길 49
전　　화 | 편집부 (02)324-2347, 경영지원부 (02)325-6047
팩　　스 | 편집부 (02)324-2348, 경영지원부 (02)2648-1311
e-mail | jamoteen@jamobook.com

ISBN 978-89-544-2056-3 (44400)

• 잘못된 책은 교환해드립니다.

찬드라세카르가 들려주는 별 이야기

| 정완상 지음 |

|주|자음과모음

찬드라세카르를 꿈꾸는 청소년을 위한 '별' 이야기

찬드라세카르는 별의 진화와 죽음으로 노벨 물리학상을 받은 유명한 물리학자입니다. 그는 별이 어떻게 자라서 어떤 모습으로 죽는지에 대한 이론을 발표했습니다. 그의 이론에 따르면 별은 태어날 때의 무게에 따라 그 죽는 모습이 다르다고 합니다.

한국과학기술원(KAIST)에서 이론물리학으로 박사 학위를 받은 저는 청소년들을 위해 찬드라세카르가 직접 강의를 진행하는 형식으로 이 책을 구성했습니다. 위대한 과학자들이 교실에서 일상 속 실험을 통해 그 원리를 하나하나 설명해 갈 때, 여러분 역시 그들의 위대한 과학 이론을 체득하게 될 것입니다.

이 책은 별에 대한 모든 것을 담고 있습니다. 별과 별 사이의 거리를 재는 법, 별의 온도와 색깔과의 관계, 별의 탄생부터 죽음까지의 모든 내용을 자세하게 다루고 있습니다. 무엇보다 책 전체에서 필자는 독특한 비유를 들고 있는데, 가장 인상적인 부분은 별의 죽음을 학생들이 만든 인간 피라미드가 무너지는 모습에 비유한 장면일 겁니다.

부록 〈백설 공주와 일곱 별의 난쟁이〉는 SF 영화처럼 재미있으면서도 별에 대한 모든 내용을 담고 있어 여러분이 복습하기에 좋은 기회를 제공하는 부분입니다.

이 책의 원고를 교정해 주고, 부록 동화에 대해 함께 토론하며 좋은 책이 될 수 있게 도와준 강은설 양에게 고맙다는 말을 전하고 싶습니다.

또한 이 책이 나올 수 있도록 물심양면으로 도와준 (주)자음과모음 강병철 사장님과 편집부 직원들에게 감사를 드립니다.

정 완 상

차례

부록

첫 번째 수업

1

별 이야기

밤하늘의 주인공, 별은 왜 빛날까요?
별의 정의에 대해 알아봅시다.

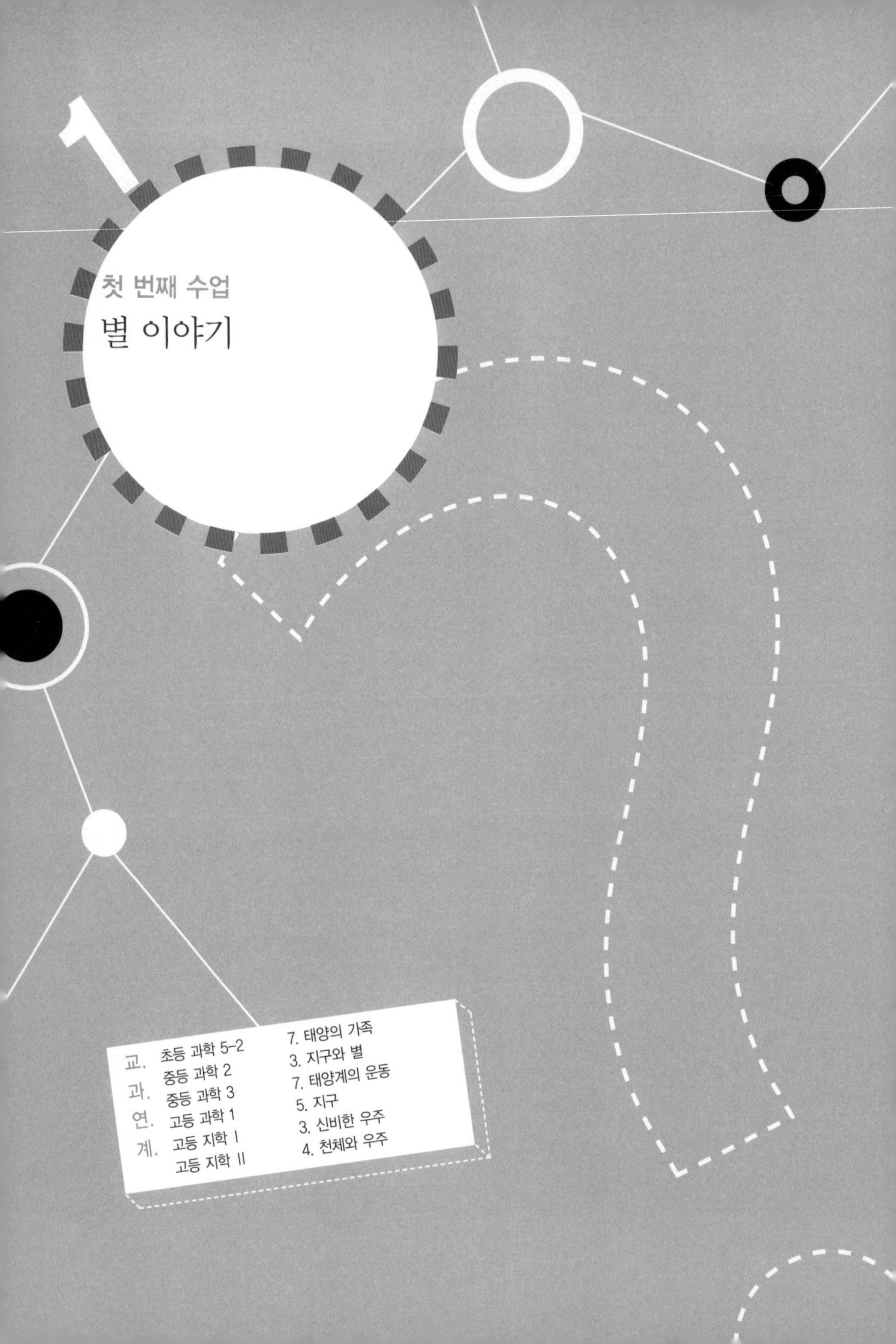

1

첫 번째 수업

별 이야기

교.	초등 과학 5-2	7. 태양의 가족
과.	중등 과학 2	3. 지구와 별
연.	중등 과학 3	7. 태양계의 운동
계.	고등 과학 1	5. 지구
	고등 지학 I	3. 신비한 우주
	고등 지학 II	4. 천체와 우주

찬드라세카르는 별에 관해 모든 것을 알려 주겠다는 표정으로 첫 번째 수업을 시작했다.

우주에는 얼마나 많은 별이 있을까요? 그리고 별은 왜 빛날까요?

지금부터 별에 대한 모든 것을 알아보겠습니다.

기구의 도움 없이 눈으로만 사물을 관찰해야 했을 때부터 사람들은 하늘의 별을 봐 왔습니다. 최초로 별을 관측한 사람들은 바빌로니아 사람들이지요. 그들은 티그리스 강과 유프라테스 강의 메소포타미아 지방에 살았고, 기원전 1580년에 최초로 하늘의 별을 기록한 천문도를 만들었습니다. 기원전 1200년경에 이르러서는 이집트 사람들과 중국 사람들도

별에 대한 그림을 그리고, 연구를 시작했지요.

그리스 시대에 와서 별을 연구하는 천문학이 과학의 한 분야가 되었습니다. 천문학은 그리스 어로 '별에 이름을 주다'라는 뜻이지요.

그리스 시대 최초의 천문학자는 히파르코스(Hipparchos, B.C.146?~B.C.127?)입니다. 그는 1,080개 별의 위치를 모두 기록하고 별들을 밝기에 따라 가장 밝은 별을 1등성, 가장 어두운 별을 6등성으로 하여 총 6개의 등급으로 나누었습니다. 후에 1등성의 밝기는 6등성의 약 100배임이 알려졌습니다.

천문학과 점성술

흔히들 점성술과 천문학을 같은 것으로 생각합니다. 하지만 둘은 완전히 다릅니다.

천문학은 별이나 행성 같은 천체의 탄생과 구조를 밝히는 과학입니다. 그에 비해 점성술은 별의 움직임이 사람들의 생활에 좋은 영향을 주는지 아니면 나쁜 영향을 주는지를 예측하는 기술이지요.

그러므로 점성술은 천문학처럼 과학이라고 말할 수는 없습니다.

과학자의 비밀노트

황도 12궁

현대의 태양 점성술은 태어난 날, 태양이 위치한 별자리를 통하여 개인의 성격과 운을 파악하고자 한다. 이렇게 태양과 행성들이 지나가는 길목에 있는 12개의 별자리를 황도 12궁이라고 하며, 이를 살펴보면 다음과 같다.

날짜	별자리	날짜	별자리
1/20~2/18	물병자리	7/23~8/22	사자자리
2/19~3/20	물고기자리	8/23~9/22	처녀자리
3/21~4/20	양자리	9/23~10/21	천칭자리
4/21~5/20	황소자리	10/22~11/21	전갈자리
5/21~6/21	쌍둥이자리	11/22~12/21	사수자리
6/22~7/22	게자리	12/22~1/19	염소자리

별의 정의

우주에는 수많은 천체들이 있습니다. 우주를 이루는 물질을 천체라고 부르지요. 그런데 천체들 중에는 스스로 빛을 내는 것도 있고 그렇지 못한 것도 있습니다.

스스로 빛을 내는 천체를 과학자들은 항성이라고 부르는데 이것이 바로 별입니다. 별은 우주 공간에서 밝은 부분을 이

루므로 이것을 밝은 물질이라고 부릅니다.

반면에 스스로 빛을 내지는 않지만 별빛을 반사시켜 빛을 내는 행성이나 위성은 아주 멀리 떨어진 곳에서는 그 빛을 볼 수 없기 때문에 어둡게 보이지요. 이렇게 스스로 빛을 내지 못하는 천체를 어두운 물질이라고 부릅니다. 즉, 태양계의 경우에는 밝은 물질은 태양 하나뿐이고, 지구를 비롯한 다른 행성들과 그의 위성들은 모두 어두운 물질입니다.

그럼 밤하늘에 보이는 별과 별 사이에는 어두운 물질이 있을까요? 이것을 간단히 실험해 보죠.

찬드라세카르는 학생들을 공터로 데리고 갔다. 공터에는 가로등이

없어 아주 깜깜했다.

찬드라세카르는 학생들만을 공터에 남겨둔 채 차를 몰아 상당히 멀리 떨어진 곳에 세워 두고, 다시 학생들에게 걸어갔다. 멀리 떨어진 찬드라세카르의 차는 2개의 전조등(헤드라이트) 빛만이 보였다.

저기 있는게 자동차처럼 보이나요?

__아니요, 2개의 불빛처럼 보여요.

그것은 자동차가 아주 멀리 떨어져 있기 때문이죠. 이렇게 멀리 떨어져 있으면 전조등의 불빛만 보일 뿐 자동차의 다른 부분은 보이지 않지요.

찬드라세카르는 다시 차를 학생들 가까이로 몰고 왔다. 이제 학생들에게 차의 모습이 선명해졌다.

이제 자동차가 보이지요? 이렇게 자동차는 스스로 빛을 내는 전조등과 그 빛을 반사시키는 다른 부분으로 이루어져 있습니다. 이때 스스로 빛을 내는 전조등 부분은 아주 먼 곳에서도 볼 수 있지만, 스스로 빛을 내지 못하는 부분은 가까이 있을 때만 반사된 빛을 통해 볼 수 있습니다.

전조등을 별과 같은 밝은 물질로, 자동차의 다른 부분을 어두운 물질로 생각하면 밤하늘의 어둡게 보이는 곳에는 자동차의 어두운 부분과 같은 곳이 있을 수도 있지요.

__ 그렇겠네요.

별자리 이야기

아주 오래전에 사람들은 여러 개의 별들이 모여 어떤 모양을 만들고 있다고 생각했습니다. 이렇게 별들이 만들어 내는 모양을 별자리라고 부르지요. 별자리를 나타냄으로써 사람들은 어떤 별자리가 보이는가에 따라 계절의 변화를 알 수 있었지요.

바빌로니아 사람들은 별자리에 동물의 이름을 붙였습니다.

그래서 사자자리와 황소자리, 전갈자리가 탄생했지요.

고대 그리스 사람들은 신화나 전설에 나오는 사람들의 이름을 붙였습니다. 예를 들어, 메두사의 머리를 벤 그리스의 영웅 페르세우스의 이름을 붙인 페르세우스자리가 대표적이

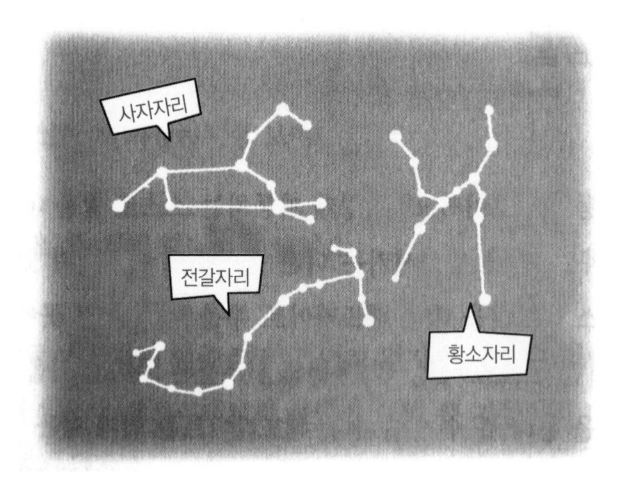

지요.

그 후 프톨레마이오스(Claudios Ptolemaeos,85?~165?)는 우주의 별자리를 모두 48개로 분류했습니다. 현재 우주에는 88개의 별자리가 있습니다.

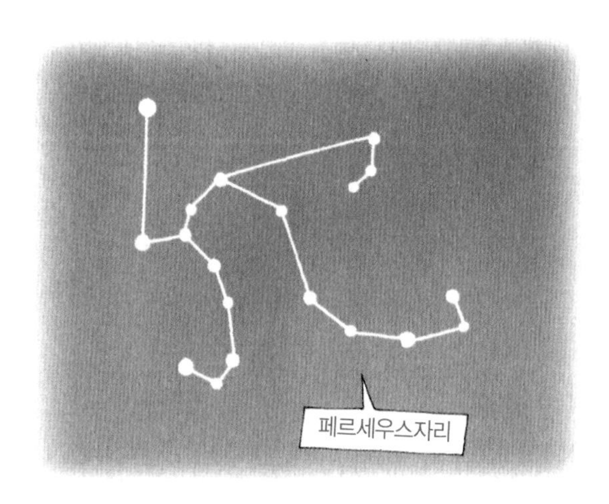

만화로 본문 읽기

어~허~!
무엇이 궁금해서
찾아왔는가?
별의 움직임을 관찰하는 분 맞죠? 천체에 관해서 궁금한 것이 많아서요.

뭐라고? 이봐, 난 그런 건 잘 몰라. 그런 것은 천문학자에게 물어봐야지!
하하, 맞아요. 천문학과 점성술을 착각하고 있군요. 천문학은 천체를 연구하는 과학이고, 점성술은 별의 움직임으로 미래를 예측하는 것으로 과학이라고 할 수 없습니다.

그렇군요.
그럼 하늘의 별은 보이는 게 전부인가요?
그건 아니죠. 그것도 착각입니다. 우주에는 수많은 천체들이 있는데, 이들 천체들 중에는 스스로 빛을 내는 것도 있고 그렇지 못한 것도 있어요.

스스로 빛을 내는 천체를 항성이라고 하는데, 이것을 밝은 물질이라고 부르죠. 반면 스스로 빛을 내지는 않지만 별빛을 반사시켜 빛을 내는 행성이나 위성은 어두운 물질이라고 불러요. 지구 역시도 어두운 물질이죠.
난 스스로 빛을 내지.
난 혼자서는 빛을 못 내…
밝은 물질
어두운 물질

예를 들어, 어두운 밤에 아주 멀리에 차가 있으면 2개의 전조등 빛만 보이고 차의 모습은 보이지 않는 것처럼 말이죠.
그렇다면 우리 눈에 보이진 않지만 별과 별 사이에도 수많은 어두운 물질들이 있단 말씀이시죠?
저기 자동차가 오네.

네, 맞아요. 즉, 밤하늘의 어둡게 보이는 곳에는 자동차의 어두운 부분과 같은 곳이 있을 수도 있지요.
오~!

두 번째 수업 2

별까지의 거리

별은 얼마나 멀리 있을까요?
별까지의 거리를 구하는 방법에 대해 알아봅시다.

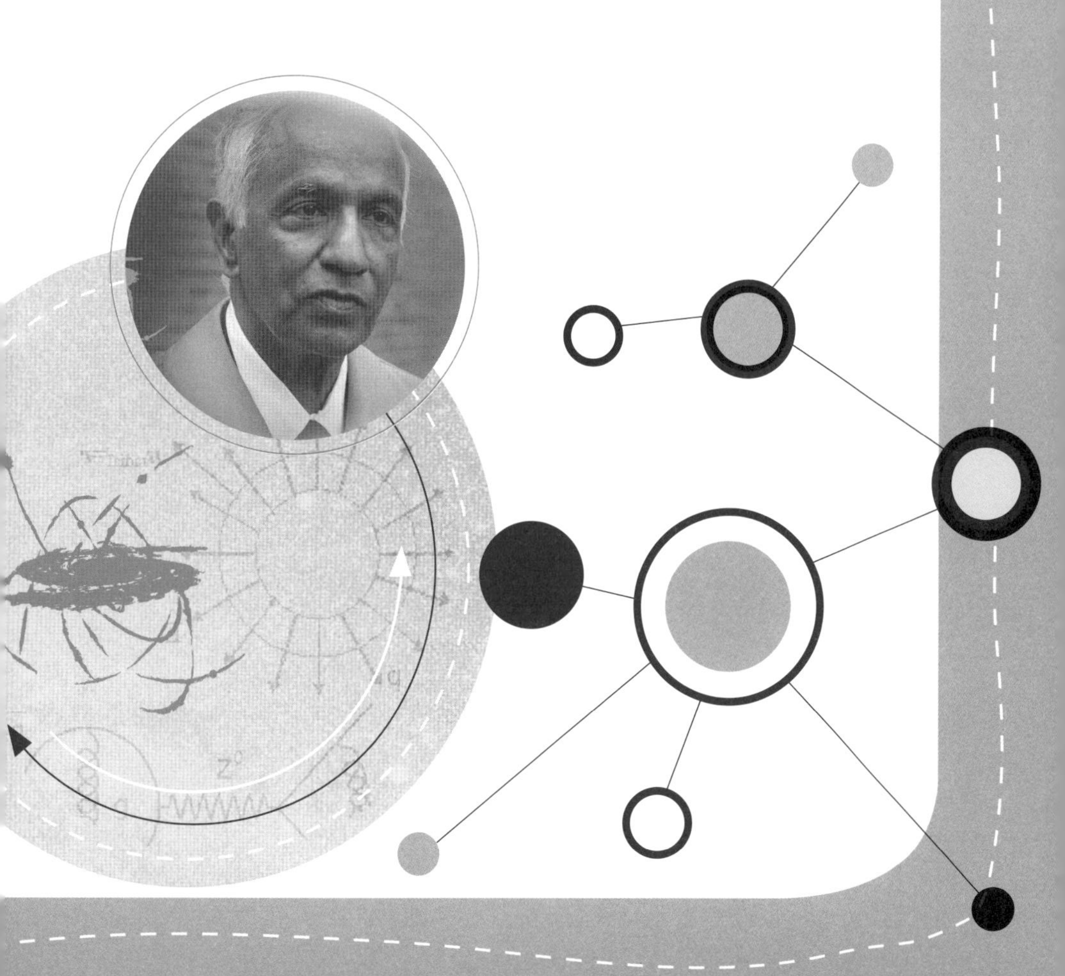

2

두 번째 수업

별까지의 거리

교과연계		
	초등 과학 5-2	7. 태양의 가족
	중등 과학 2	3. 지구와 별
	중등 과학 3	7. 태양계의 운동
	고등 과학 1	5. 지구
	고등 지학 I	3. 신비한 우주
	고등 지학 II	4. 천체와 우주

찬드라세카르가 별까지의 거리를 재는 방법을 알려 주기 위해 두 번째 수업을 시작했다.

아주 오래전 그리스의 과학자들은 별이 지구로부터 모두 같은 거리만큼 떨어져 있다고 생각했어요. 그들은 별이 지구를 중심으로 하는 커다란 공의 벽에 붙어 있다고 믿었지요. 그 공을 우리는 천구 또는 항성천이라고 부릅니다.

그들은 계절마다 별자리가 달라지는 이유는 천구가 지구를 중심으로 회전하기 때문에 그곳에 붙어 있는 별들이 회전하여 그렇게 보이는 것이라고 생각했지요.

하지만 그 생각은 옳지 않았습니다. 밤하늘에 보이는 별들은 모두 지구로부터 다른 거리에 놓여 있습니다.

이젠 별까지의 거리를 측정하는 방법을 알아봅시다.

광년

별은 지구로부터 아주 멀리 떨어져 있습니다. 지구에서 가장 가까운 태양조차도 약 1억 5,000만 km나 떨어져 있기 때문이지요. 그래서 별까지의 거리를 m나 km로 사용하는 것은 아주 불편하답니다.

처음에 과학자들은 지구와 태양 사이의 거리를 1로 하는 새로운 거리의 단위를 생각했습니다. 이 단위는 천문 단위라

고 부르고 영어로는 AU라고 나타냅니다. 그러니까 다음과 같지요

1AU ≒ 1억 5,000만 km

물론 이 단위를 이용하면 태양계의 다른 행성들까지의 거리도 간단하게 나타낼 수 있습니다. 예를 들어 태양에서 화성까지의 거리는 약 1.52AU이고, 토성까지의 거리는 약 10AU이며, 가장 멀리 떨어져 있는 해왕성까지의 거리는 약 30AU가 됩니다.

하지만 우주는 우리가 상상할 수 없을 정도로 넓어 이런 거리 단위로 별까지의 거리를 나타내는 것은 아주 불편합니다.

그래서 과학자들은 광년이라는 거리 단위를 도입하게 되었습니다.

광년은 빛의 속력으로 1년 동안 간 거리를 말합니다. 우리가 잘 알다시피 빛은 우주에서 가장 빨라 1초에 30만 km를 날아갑니다. 1광년은 이런 빛이 1년동안 움직인 거리이므로 엄청나게 먼 거리겠지요?

이제 1광년이 어느 정도의 거리인지를 알아보겠습니다.

1년은 며칠이죠?

__365일입니다.

하루는 몇 시간이죠?

__24시간입니다.

한 시간은 몇 초지요?

__3,600초입니다.

그러므로 1년을 초로 바꾸면 다음과 같이 됩니다.

1년 = 365 × 24 × 3,600 × = 31,536,000(초)

1광년은 빛이 1년 동안 간 거리이므로, 이것은 빛의 속력에 1년을 초로 바꾼 값을 곱하여 얻을 수 있습니다. 즉, 다음과 같지요.

1광년 = 300,000 × 31,536,000

= 9,460,800,000,000(km)

1광년은 엄청난 거리이지요? 광년으로 나타내면 태양에서 우리 은하 중심까지의 거리는 3만 광년이고, 우리 은하의 지름은 10만 광년입니다.

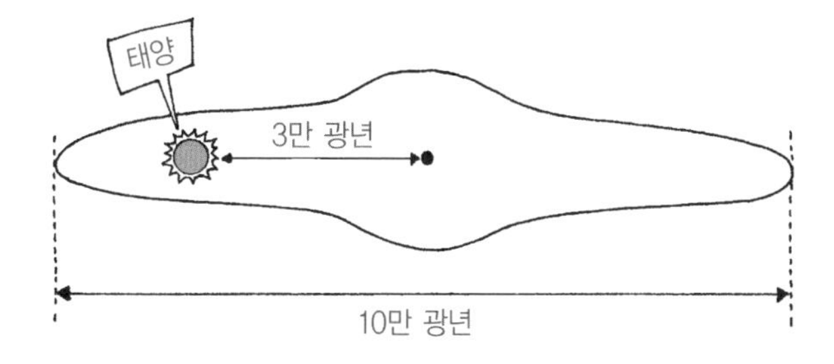

이렇게 광년이라는 단위는 은하 속에서 별과 별사이의 거리를 나타낼 때 아주 편리합니다.

광년으로 별과 별 사이의 거리를 나타내면 편리한 점이 또 있습니다. 그것은 그 별이 빛을 보낸 시간을 알 수 있다는 거죠.

우리는 밤 하늘의 별빛을 보면서 현재의 별빛을 보는 것처럼 생각합니다. 하지만 그렇지 않습니다.

만일 어떤 별이 지구로부터 100광년 떨어져 있다면 여러분은 100년 전 그 별이 보낸 빛을 지금에서야 보고 있는 것입니다.

즉, 우리가 보는 밤하늘의 모습은 현대의 모습이 아니라 과거의 모습들이지요.

연주 시차법

이번에는 별까지의 거리를 나타내는 좀 더 편리한 방법을 소개하겠습니다. 이 방법은 연주 시차법이라고 알려져 있습니다.

찬드라세카르는 미화에게 왼쪽 눈을 감고 오른쪽 눈으로 보면서 멀리 떨어져 있는 전봇대를 손가락으로 가리키게 했다. 오른쪽 눈으로 보이는 전봇대와 손가락의 방향이 일치했다.

찬드라세카르는 이번에는 오른손은 그대로 두고 오른쪽 눈을 감고

왼쪽 눈으로 전봇대를 보게 했다. 그러자 전봇대와 손가락의 방향이 달라졌다.

왜 그럴까요?

이것은 오른쪽 눈과 왼쪽 눈이 어떤 거리만큼 떨어져 있기 때문입니다. 이렇게 보는 위치에 따라 물체의 위치가 달라져 보이는 것을 시차라고 하지요.

지구도 태양 주위를 돌기 때문에 지구의 관측자가 별을 볼 때 관측자의 위치가 달라집니다. 그러므로 시차의 방법을 별까지의 거리를 재는 데 사용할 수 있습니다.

다음과 같이 지구에서 어떤 별을 바라보았다고 합시다.

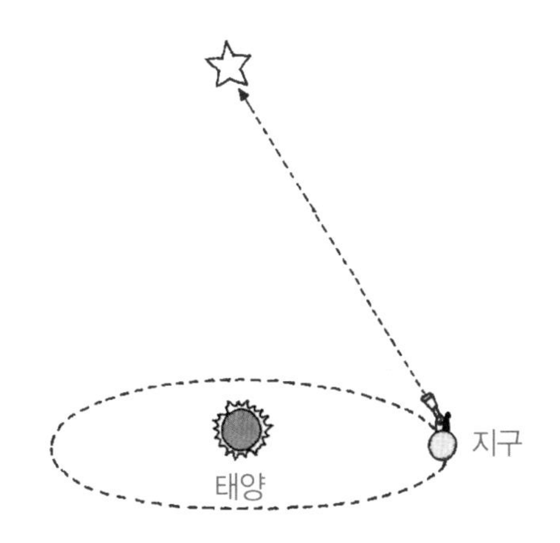

이때로부터 6개월이 지나면 지구는 다음 그림과 같이 반대 방향으로 가 있게 됩니다.

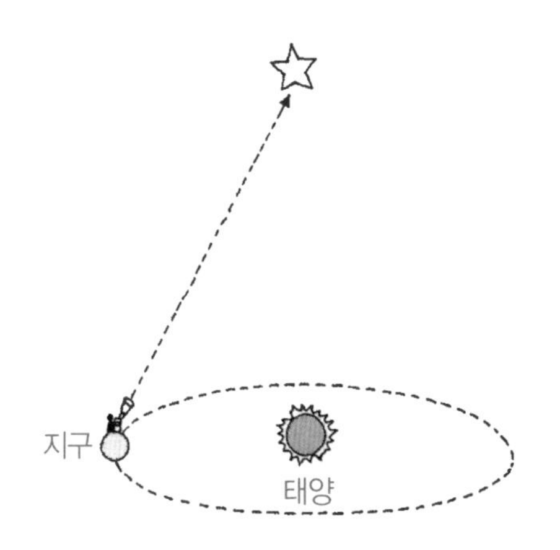

물론 이때 별을 바라보는 각도는 달라집니다. 두 위치를 함께 그리면 다음 페이지와 같습니다.

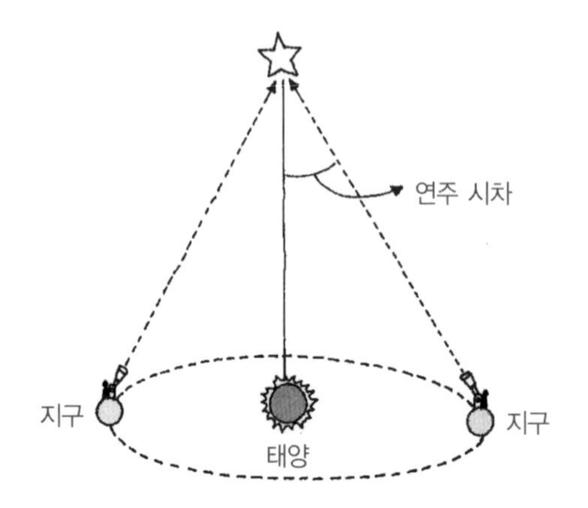

이때 태양과 별과 지구는 이루는 각을 연주 시차라고 부릅니다.

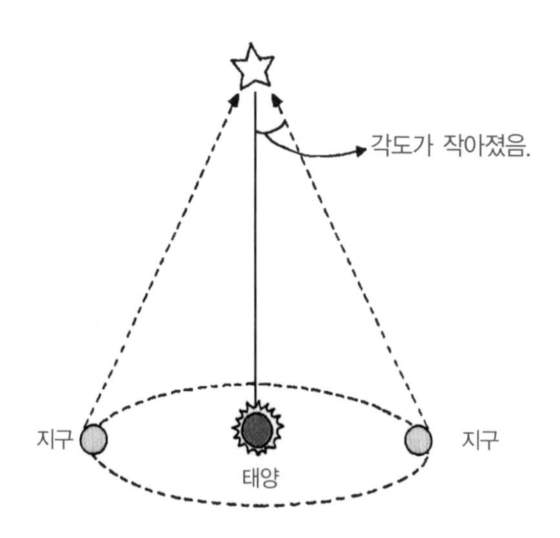

이번에는 별이 더 멀리 떨어져 있는 경우를 봅시다.

각도가 작아졌지요? 그러므로 별까지의 거리가 멀어질수로 연주 시차가 작아진다는 것을 알 수 있습니다. 즉, 연주 시차와 별까지의 거리는 서로 반비례의 관계에 있지요. 따라서 연주 시차를 별까지의 거리 대신 이용할 수 있습니다.

하지만 별들은 워낙 멀리 떨어져 있기 때문에 연주 시차는 아주 작습니다. 그래서 아주 작은 각도를 나타내는 새로운 단위가 필요합니다. 우리는 각도의 단위를 도(°)라고 알고 있습니다. 그리고 이 각도를 60등분한 하나의 각도를 분(′)이라고 합니다. 1도라는 각도는 1분이라는 각도가 60개 모여서 만들어지지요. 즉, 다음과 같습니다.

1도(°) = 60분(′)

1분보다 작은 각도는 어떻게 나타낼까요? 마찬가지로 1분이라는 각도를 60등분한 하나의 각도를 1초(″)라고 합니다. 그러므로 다음과 같지요.

1분(′) = 60초(″)

즉, 1도(°)를 3,600등분한 하나의 각도가 바로 1초(″)입니다. 즉, 다음과 같지요.

1도(°) = 3,6000초(″)

이때 연주 시차가 정확하게 1초인 별까지의 거리를 1파섹(pc)으로 나타냅니다. 1파섹을 광년으로 나타내면 다음과 같습니다.

1파섹 = 3,26광년

별까지의 거리가 멀어지면 그와 반비례하여 연주 시차가 작아집니다. 예를 들어 2파섹의 거리에 있는 별의 연주 시차는 0.5초가 되고, 10파섹의 거리에 있는 별의 연주 시차는 0.1초가 됩니다.

지구에서 태양 다음으로 가장 가까운 별인 프록시마 켄타우리의 연주 시차는 0.772초입니다. 그러므로 프록시마 켄타우리까지의 거리는 4.2광년이지요.

만화로 본문 읽기

네? 그럼 거리를 알 수 있단 말씀인가요?

네. 별은 지구로부터 아주 멀리 떨어져 있어서 m나 km를 사용하면 불편하답니다. 그래서 과학자들은 지구와 태양 사이의 거리를 1로 하는 새로운 천문 단위(AU)를 생각해 냈죠.

AU= 천문단위

태양 1 지구

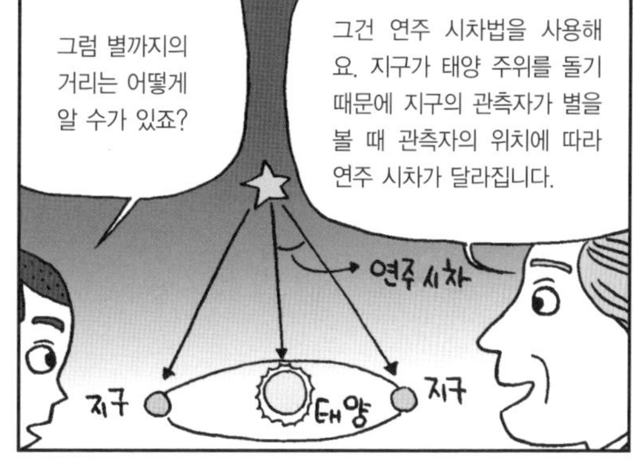

연주 시차와 별까지의 거리는 서로 반비례하므로, 연주 시차를 별까지의 거리 대신 이용할 수 있죠. 연주 시차가 정확하게 1초인 별까지의 거리를 1파섹으로 나타내며, 광년으로 나타내면 다음과 같습니다.

세 번째 수업 3

별의 밝기

태양은 가장 밝은 별일까요?
별의 밝기를 비교해 봅시다.

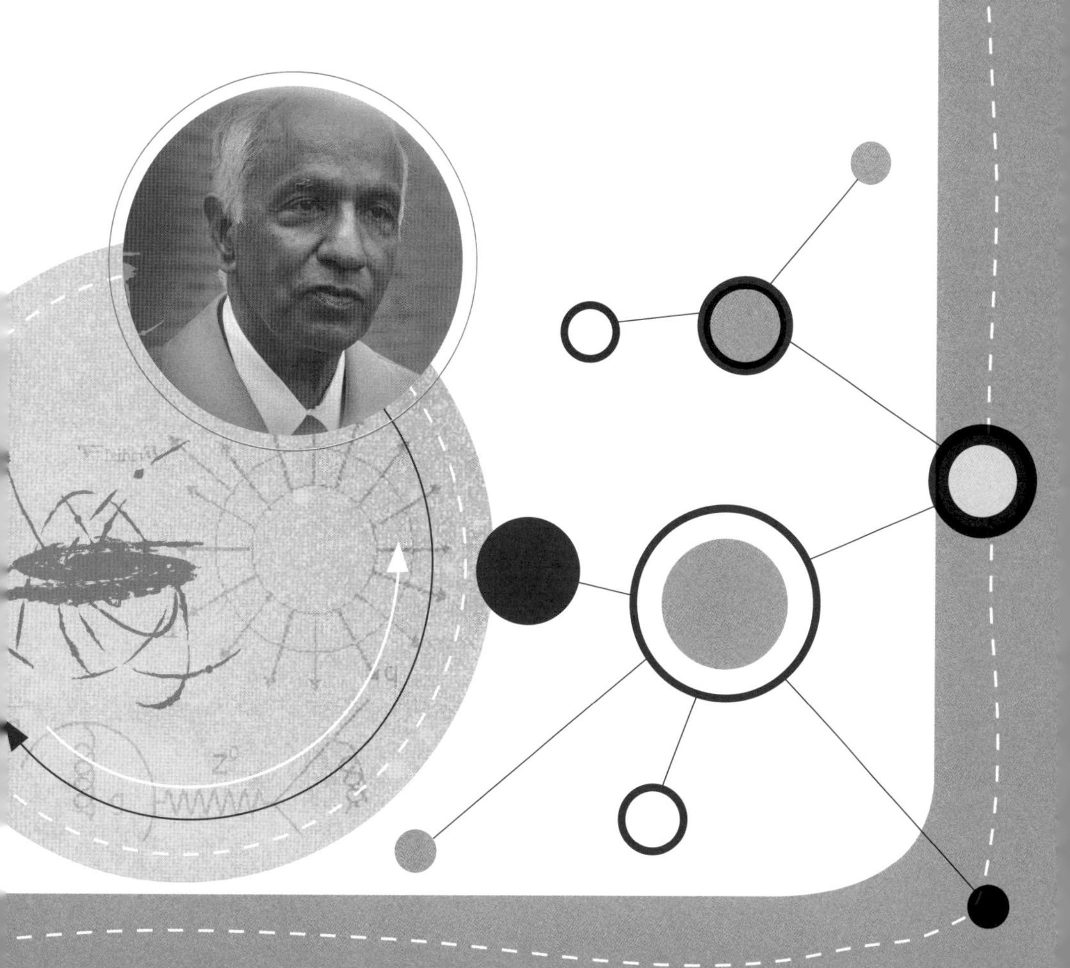

3

세 번째 수업

별의 밝기

교.	초등 과학 5-2	7. 태양의 가족
과.	중등 과학 2	3. 지구와 별
연.	중등 과학 3	7. 태양계의 운동
계.	고등 과학 1	5. 지구
	고등 지학 I	3. 신비한 우주
	고등 지학 II	4. 천체와 우주

찬드라세카르가
별의 밝기는 모두 다르다며
세 번째 수업을 시작했다.

오늘은 별의 밝기에 대해 얘기하겠습니다.

전구에는 전력 표시가 되어 있습니다.

어떤 전구는 30W라고 쓰여 있고, 어떤 전구는 60W라고 씌어 있지요. 여기서 W는 전력, 즉 정해진 시간당 사용하는 에너지의 양을 나타내는 단위로 와트라고 읽습니다.

물론 전구의 밝기는 전력이 클수록 밝지요. 그래서 60W 전구가 30W 전구보다 더 밝습니다.

__아, 그렇군요.

__이제부터 전구를 살 때 유심히 살펴봐야 겠어요.

이제 전구 2개를 가지고 실험을 해 보겠습니다.

찬드라세카르는 2개의 30W 전구를 가지고 하나는 미나를 기준으로 1m 되는 거리에, 다른 하나는 4m 되는 거리에 놓았다.

어느 전구가 더 밝죠?

__1m 거리에 있는 전구입니다.

이렇게 같은 밝기를 가진 전구는 가까이 있을수록 밝습니다.

찬드라세카르는 미나를 기준으로 1m 되는 거리에 30W의 전구와 60W의 전구를 놓았다.

어느 전구가 더 밝죠?

__60W의 전구가 더 밝습니다.

이렇게 같은 거리에 있을 때에는 전력이 큰 전구가 더 밝습니다.

이때 30W 전구와 60W 전구의 밝기는 어느 정도 차이가 날까요?

전력이 2배이니까 밝기도 2배입니다.

찬드라세카르는 미나를 기준으로 1m 되는 거리에 30W 전구를, 4m 되는 거리에 60W 전구를 놓았다.

어느 것이 더 밝죠?

미나는 아무 말도 하지 않고 두 전구의 밝기를 자세히 비교해 보았다. 하지만 두 전구는 같은 밝기로 보였다.

거리가 4배 더 먼 곳에, 밝기가 2배인 전구를 놓았을 때 밝기가 같아졌지요? 이렇게 밝기는 거리의 제곱에 반비례하여 약해집니다.

밤하늘의 별들이 태양에 비해 어두워 보이는 이유도 너무 멀리 떨어져 있기 때문입니다.

별의 밝기에 따른 등급

별의 밝기를 나타내기 위해 천문학자들은 등급을 사용합니다. 기원전 그리스의 히파르코스는 밤하늘에 보이는 가장 밝은 별을 1등성으로, 가장 희미한 별을 6등성으로 하여 별의 밝기에 따라 6등급을 나누었습니다.

이때 밝기의 차이는 복잡한 공식을 따릅니다. 어떤 별이 다른 별과 5등급의 차이가 나면 별의 밝기에서는 총 100배의

차이가 납니다. 즉, 1등성은 6등성보다 100배 밝습니다.

그러므로 6등성보다 100배 어두운 별은 11등성이 되고 1등성보다 100배 밝은 별은 −4등성이 되어 음수가 되지요. 그러므로 등급이 큰 수가 될수록 그 별은 어두운 별입니다.

멀리 있는 별은 가까이 있는 별에 비해 덜 밝게 보입니다. 그러니까 태양처럼 지구에 가까이 있는 별이 가장 밝게 보이지요.

이렇게 지구로부터 별까지의 거리를 생각하지 않고 지구 관찰자의 눈에 보이는 별의 밝기를 겉보기 등급이라고 합니다. 예를 들어 아주 밝은 별인 시리우스의 겉보기 등급은 −1.5등급이고, 태양의 경우는 −26.7등급이 되어 가까이 있는 태양이 시리우스에 비해 훨씬 밝게 보입니다.

그렇다면 별의 진정한 밝기는 어떻게 나타낼까요? 천문학자들은 별들이 같은 거리에 있을 때의 밝기를 비교하여 진정한 밝기를 나타내기로 했습니다.

이때의 거리는 10파섹(32.6광년)으로 택했지요. 그러니까 이 거리에서의 밝기를 등급으로 나타낸 것은 절대 등급이라고 부릅니다.

예를 들어 태양은 겉보기 등급은 −26.7이지만 절대 등급은 4.8로 어두운 별입니다. 하지만 백조자리의 데네브는 겉보기 등급은 1.26이지만 절대 등급은 −7.2로 아주 밝은 별이지요.

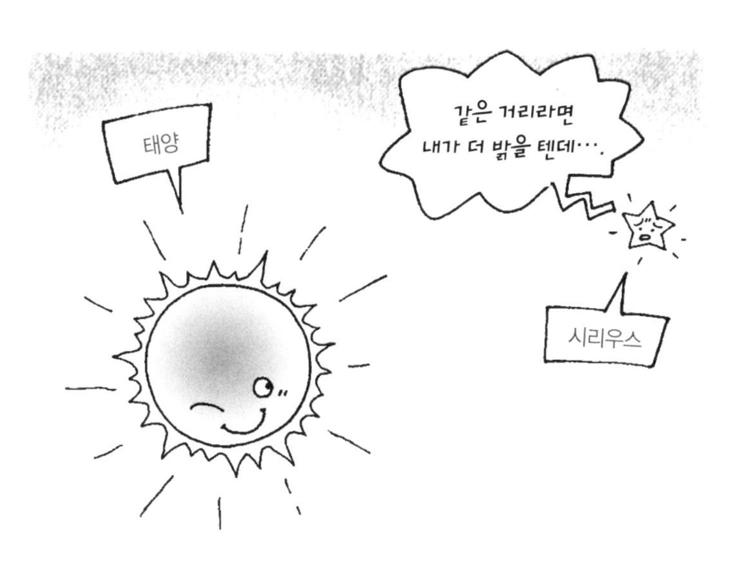

만화로 본문 읽기

이 별보다는 저 별이 더 밝은데, 얼마나 밝은 것인지 잘 모르겠네.
바보야, 별이 더 밝아 봐야 얼마나 밝다고 그러니? 다 비슷하지!
오~, 그렇지 않아요. 별마다 밝기가 달라요. 별의 밝기를 나타내는 방법도 있답니다.

네? 별의 밝기를 나타내는 방법이 있다고요?
그럼요. 별의 밝기를 나타내기 위해 천문학자들은 등급을 사용한답니다. 기원전 그리스의 히파르코스는 밤하늘에 보이는 별을 밝기에 따라 6등급으로 나누었었죠.

이때 밝기의 차이는 복잡한 공식을 따르는데, 어떤 별이 다른 별과 5등급의 차이가 나면 별의 밝기에서는 100배의 차이가 나도록 되어 있습니다. 즉, 1등성은 6등성보다 100배 밝은 것이죠.
아, 그렇군요!
1등성 2등성 3등성 4등성 5등성 6등성
내가 6등성보다 100배 더 밝지!

지구로부터 별까지의 거리를 생각하지 않고 지구 관찰자의 눈에 보이는 별의 밝기를 겉보기 등급이라고 해요.
겉보기 등급 말고 다른 방법으로 비교할 수도 있나요?
1등성, 2등성, 3등성…
겉보기 등급

네, 별의 진정한 밝기를 나타내기 위해 별들이 같은 거리만큼 떨어져 있을 때의 밝기를 비교하는 절대 등급이 있습니다.
10파섹
10파섹
절대 등급

태양은 겉보기 등급은 −26.7이지만 절대 등급은 4.8로 어두운 별입니다. 하지만 백조자리의 데네브는 겉보기 등급은 1.26이지만 절대 등급은 −7.2로 아주 밝지요.
지구에서 보는 별의 밝기와 실제 그 별의 밝기는 차이가 나는군요.
데네브
내가 실제로는 너보다 더 밝아…
태양

네 번째 수업 4

별의 색깔

하늘에는 빨간별, 노란별, 파란별처럼 여러 가지 색깔의 별들이 있습니다.
별의 밝기는 무엇과 관계있는지 알아봅시다.

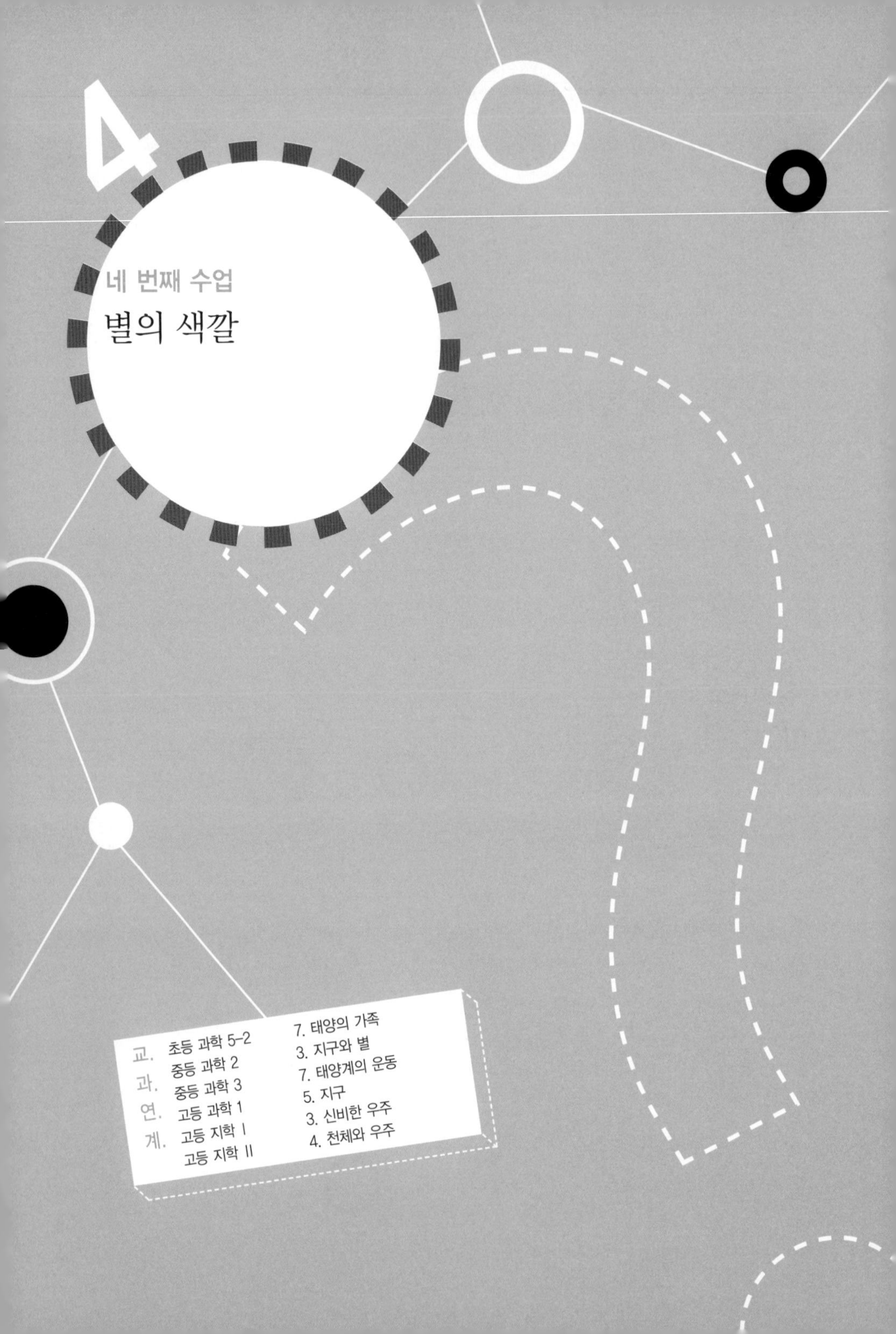

4

네 번째 수업

별의 색깔

교과연계		
	초등 과학 5-2	7. 태양의 가족
	중등 과학 2	3. 지구와 별
	중등 과학 3	7. 태양계의 운동
	고등 과학 1	5. 지구
	고등 지학 I	3. 신비한 우주
	고등 지학 II	4. 천체와 우주

찬드라세카르는 별마다 다른 색을 띠고 있다며 네 번째 수업을 시작했다.

오늘은 별의 색깔에 대해 알아보겠습니다.

시골에 가서 하늘을 보면 무수히 많은 별을 볼 수 있습니다. 그런데 별마다 색깔이 다르지요. 어떤 별은 노란색을 띠고, 어떤 별은 푸른색을 띠고, 어떤 별은 빨간색을 띱니다. 이렇게 별의 색깔이 다른 이유는 뭘까요?

찬드라세카르는 학생들을 고깃집으로 데리고 갔다. 종업원이 숯에 불을 붙이자 처음에는 빨간빛을 내다가 점점 푸른빛을 띠기 시작했다.

숯의 색이 점점 파란색으로 변해 가지요? 이것은 숯의 온도가 점점 높아지기 때문입니다. 이렇게 별의 색깔은 별의 온도와 밀접한 관계가 있습니다.

__아, 그렇군요.

빛의 정체

빛은 파동입니다. 파동은 파도 모양으로 생겼지요. 이때 파동의 가장 높은 지점을 마루, 가장 낮은 지점을 골이라고 부릅니다. 그리고 이때 마루와 마루 사이의 거리를 파장이라고 합니다.

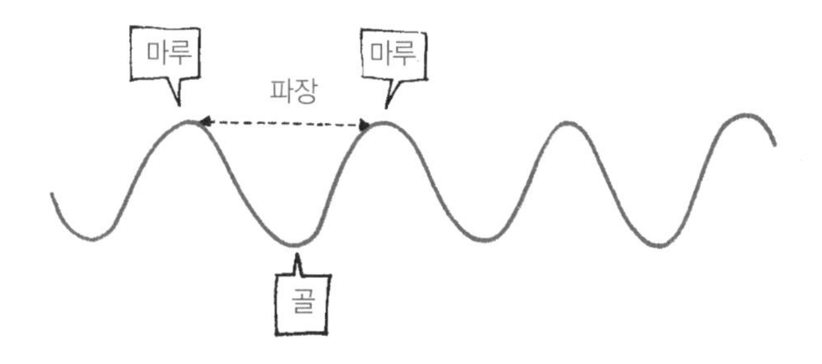

찬드라세카르는 벽에 줄을 묶고 한쪽 끝을 철호에게 천천히 흔들게 했다.

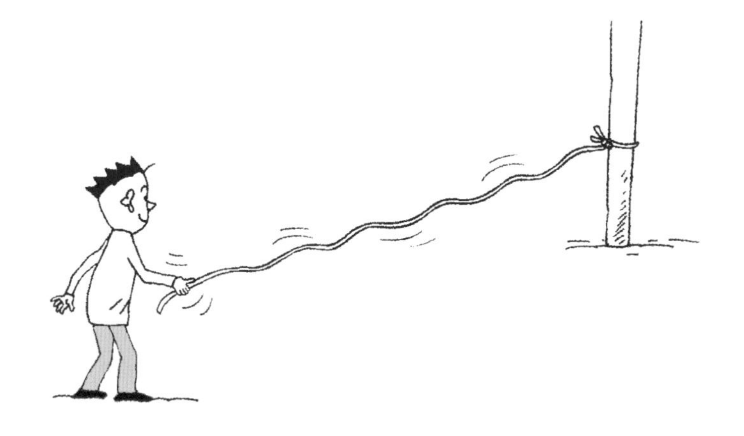

파장의 길이가 어떤가요?

__파장이 길어요.

그래요. 이것은 철호가 줄에 약한 자극을 주어 작은 에너지의 파동이 생겼기 때문입니다.

이번에는 줄을 따르게 흔들어 볼까요?

찬드라세카르가 이번에는 철호에게 줄을 아주 빠르게 흔들게 했다.

파장이 짧아졌군요. 이것은 철호가 줄에 큰 자극을 주어 파동에 큰 에너지가 생겼기 때문입니다.

이렇게 파동의 에너지는 파장과 관계가 있습니다

파동의 파장이 짧을수록 에너지가 크다.

그렇다면 빛이라는 파동은 파장에 따라 무엇이 달라질까요? 놀랍게도 색깔이 달라집니다. 파장이 긴 빛은 빨간색을 띠고 파장이 점점 짧아질수록 노랑, 파랑, 보라색으로 바뀌게 됩니다. 그러므로 보랏빛이 빨간빛에 비해 에너지가 크지요.

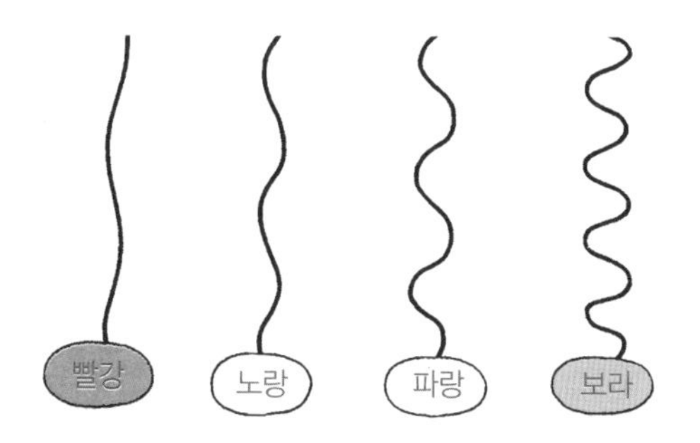

온도와 색깔

그렇다면 별의 온도와 색깔은 어떤 관련이 있을까요? 물체는 온도가 높을수록 큰 에너지를 가지기 때문에 온도가 높은 물체는 에너지가 큰 빛인 보랏빛을 내고, 온도가 낮은 물체

는 에너지가 작은 빨간빛을 냅니다.

천문학자들은 별빛의 색깔에 따라 다음과 같이 7가지 종류의 별로 분류했습니다.

별의 유형	색깔	온도(K)	대표별
O	청색	25,000 이상	민타카
B	청백색	25,000~11,000	리겔
A	백색	7,500~11,000	시리우스
F	황백색	6,000~7,500	프로키온
G	황색	5,000~6,000	태양
K	주황색	3,500~5,000	아크투르스
M	적색	3,500 이하	안타레스

이것은 각각 O, B, A, F, G, K, M이라고 붙여졌는데, 이것은 "Oh! Be A Fine Girl, Kiss Me."의 앞 철자만을 따서 외

우면 편리하지요. 이 분류에 따르면 태양은 노란빛을 내는 G 형 별입니다.

과학자의 비밀노트

절대온도(K)

1848년 켈빈이 도입하였으며, 켈빈온도 또는 열역학적 온도라고 한다. 이것은 열역학 제2법칙에 따라 정해진 온도로, 이론상 생각할 수 있는 최저 온도를 기준으로 하는 온도를 말한다.

섭씨온도(℃)와 화씨온도(℉)는 모두 물의 특이성을 이용하여 온도를 나타내지만, 절대온도는 성질에 의존하지 않는다. 절대영도는 섭씨온도로 −273.15℃이므로 섭씨온도와 절대온도 사이에는 다음의 관계가 성립한다.

(섭씨온도) = (절대온도) − 273.15

만화로 본문 읽기

어때요, 불꽃도 부분마다 색이 다르죠? 그건 온도가 다르기 때문인데 파란빛이 가장 뜨겁고, 빨간빛은 그보다 온도가 낮죠. 이처럼 별의 색깔도 별의 온도와 밀접한 관계가 있어요.

다섯 번째 수업

5

별의 탄생

별은 어떻게 만들어질까요?
별의 탄생에 대해 알아봅시다.

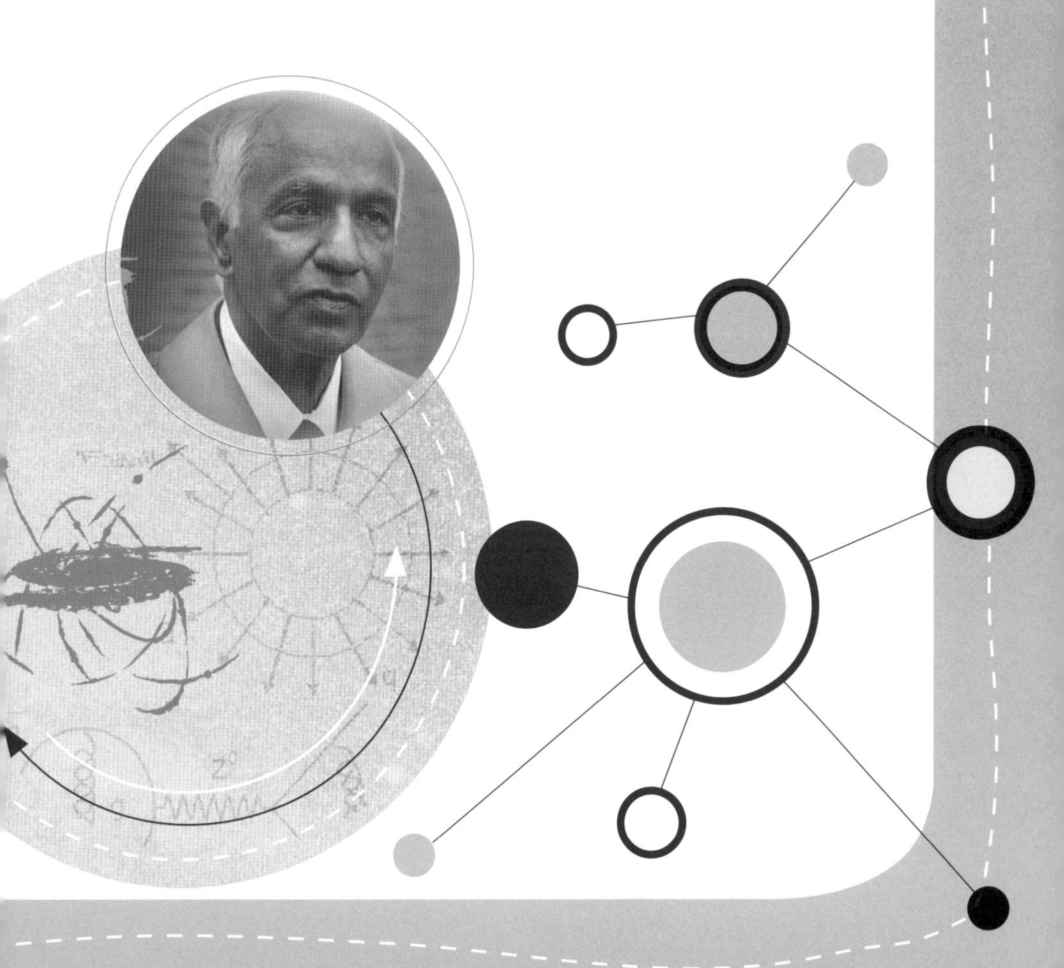

5

다섯 번째 수업

별의 탄생

교.	초등 과학 5-2	7. 태양의 가족
과.	중등 과학 2	3. 지구와 별
연.	중등 과학 3	7. 태양계의 운동
계.	고등 과학 1	5. 지구
	고등 지학 I	3. 신비한 우주
	고등 지학 II	4. 천체와 우주

찬드라세카르는 별의 탄생에 대해 알아보자며 다섯 번째 수업을 시작했다.

오늘은 별이 어떻게 태어나는지에 대해 알아보겠습니다. 우주에서 가장 많은 원소는 수소입니다. 즉, 우주의 원소 중 $\frac{3}{4}$은 수소 기체이고, $\frac{1}{4}$은 헬륨 기체이며 다른 원소들은 아주 적습니다.

우주가 태어나던 당시에는 헬륨도 거의 없고 온통 수소뿐이었지요. 하지만 우주가 지금까지 150억 년을 살아오면서 수소 중 일부가 헬륨으로 바뀌었고, 그러한 과정은 지금도 계속 진행되고 있습니다.

이렇게 우주는 거의 기체로 이루어져 있고 우주 대부분의

질량을 차지하는 것은 별이므로, 별은 거의 기체로 이루어져 있는 것입니다.

그렇다면 어떻게 기체들이 모여서 별을 만들 수 있을까요?

그리고 왜 수소의 양은 줄어들고 헬륨의 양은 점점 많아지는 것일까요? 이것은 바로 별의 탄생과 밀접한 관계가 있습니다.

이제 별의 탄생 과정에 대해 알아보죠.

우주의 별과 별 사이에는 아무런 물질도 없는 것처럼 보이지만 사실 수소나 헬륨 같은 기체와 아주 작은 고체 입자들이 있습니다.

우주 공간에서 수소나 헬륨 같은 기체의 밀도는 $1cm^3$에 원자 1개 정도로 낮은 편이지요. 이렇게 별과 별 사이에 있는 기체 상태의 물질을 성간 가스라고 부릅니다.

또한 아주 작은 고체 입자를 우주 먼지라고 부르는데, 우주 먼지는 1970년 미국의 전파 망원경에 의해 처음 발견되었습니다. 우주 먼지의 종류에는 물, 철, 규소의 산화물 또는 메탄, 암모니아 같은 유기 물질이 있고, 그 크기는 0.00001cm 정도이며 밀도는 아주 낮지요.

이렇게 우주 공간에서 별과 별 사이에 존재하는 성간 가스와 우주 먼지를 합쳐 성간 물질이라고 부릅니다.

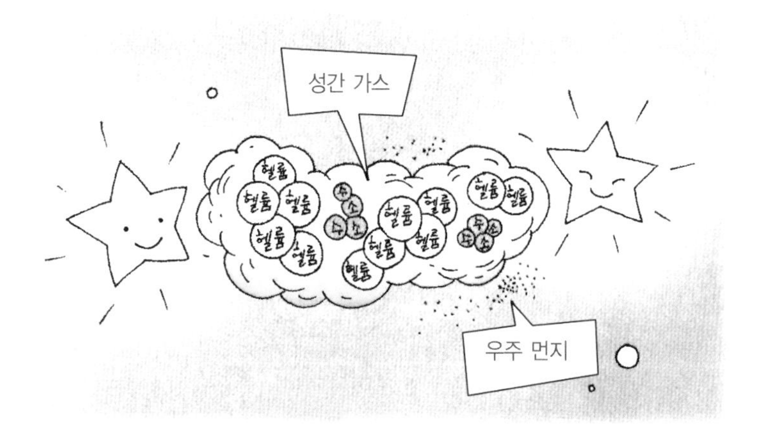

별의 탄생

그러면 별은 왜 태어나는 것일까요? 그것은 성간 물질의 양이 장소에 따라 차이가 나기 때문입니다. 즉, 어떤 곳에서는 성간 물질이 적고 어떤 곳에서는 성간 물질이 많이 모여 있지요. 성간 물질이 많이 모여 있는 곳은 주변의 별빛을 반사시켜 아름다운 빛을 내는데, 그곳을 성운이라고 부릅니다. 이 성운이 바로 별들이 태어나는 요람입니다.

별이 만들어질 때는 성운을 이루는 성간 물질이 한곳으로 뭉치기 시작합니다. 처음에는 천천히 뭉치지만 성간 물질의

거리가 가까워질수록 서로를 당기는 만유인력이 커져서 점점 더 빠르게 뭉쳐 별의 모습을 이루게 됩니다. 이렇게 만들어진 별을 원시별이라고 하는데, 말하자면 갓 태어난 아기별이지요. 우주에는 현재도 원시별이 태어나고 있습니다. 예를 들어 오리온 성운에는 많은 원시별이 만들어지고 있지요.

성운 속의 성간 물질들은 처음 수축할 때는 넓게 퍼져 있어 느리게 회전을 하지만, 수축이 빨라져 동그란 모양을 이루게 되면 좁은 곳에 모여 있으므로 빠르게 회전합니다. 이것을 간단하게 실험해 보죠.

찬드라세카르는 학생들을 데리고 스케이트장으로 갔다. 그리고 피

켜스케이팅 선수인 나진이에게 양팔을 뻗고 회전을 하다가 팔을 안쪽으로 모아보라고 했다. 양팔을 안쪽으로 모으자 나진이는 더 빠르게 회전했다.

나진이가 성간 물질들로 이루어졌다고 생각해 보죠. 나진이가 양팔을 벌렸을 때는 성간 물질들이 멀리 퍼져 있는 상태이고, 양팔을 모은 경우는 성간 물질들이 한곳에 모여 있는 상태입니다. 이렇게 질량을 가진 물질이 회전축 주위에 모여 있으면 퍼져 있을 때보다 더 빠르게 회전합니다. 이것이 원시별이 빠르게 회전하는 이유이지요.

이때 너무 빨리 회전하면 어떻게 될까요? 실험해 보죠.

찬드라세카르는 종이를 뭉쳐 만든 공에 막대를 꽂고 종이쪽 몇 개

를 풀칠하여 붙였다. 그러고는 막대를 천천히 돌렸다.

종이쪽이 안 떨어졌죠? 이것은 원시별이 천천히 돌기 때문입니다. 다음 실험을 보죠.

찬드라세카르는 막대를 모터에 연결하여 아주 빠르게 회전시켰다.

종이쪽들이 날아가 버리는군요. 이렇게 원시별이 너무 빠르게 회전하면 별이 쪼개질 수도 있고, 하나의 별과 주위에 작은 다른 별이 생기는 연성이 만들어질 수도 있습니다.

별이 빛과 열을 내는 이유

원시별은 회전을 하면서 중심쪽으로 더욱더 수축합니다.

이때 별의 안쪽은 수축이 크게 일어나 압력이 높아지고 바깥쪽은 수축이 작게 일어나 압력이 낮습니다. 그러므로 대부분의 별은 안쪽으로 들어갈수록 압력이 높아지지요.

이러한 수축의 결과로 별의 내부의 압력은 점점 커지게 되고, 내부 온도는 점점 올라가다가 10,000℃에 이르면 대부분

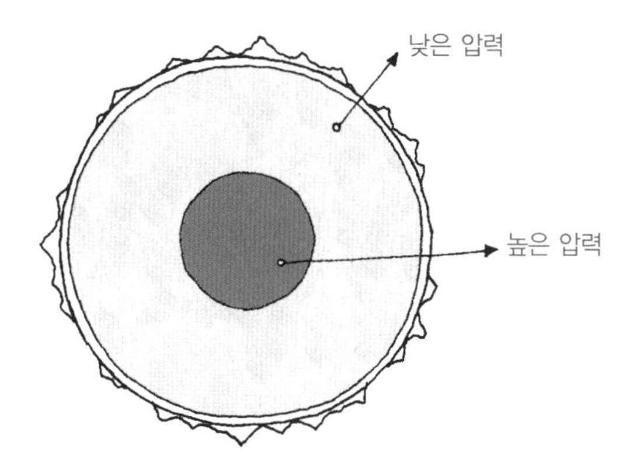

의 수소가 이온화됩니다. 수소는 수소 핵인 양성자와 그 주위를 도는 전자로 구성되어 있는 가장 가벼운 원소입니다. 수소의 이온화란 온도가 높아짐에 따라 수소 핵 주위를 돌고 있던 전자가 충분한 운동에너지를 얻어, 더는 수소 핵에 의한 전기적 인력에 붙잡히지 않고 자유로이 공간을 돌아다니게 되는 것을 말합니다. 즉, 수소의 원자핵과 전자가 분리되는데, 이러한 상태를 플라스마 상태라고 부릅니다.

이 현상을 다음과 같이 비유할 수 있습니다. 도서관에서 공부하는 친구에게 2,000원짜리 자장면을 사줄 테니 나가자고 하면 안 나가도 10,000원짜리 탕수육을 사 준다고 하면 나갈 것입니다.

이때 10,000원이 2,000원에 비해 큰돈이라 친구가 따라나

서듯이 핵으로부터 전자를 떼어내는 데는 큰 에너지가 필요한데, 이를 온도로 환산하면 약 10,000℃정도 이지요.

원시별의 내부 온도가 점점 올라가 2,000만℃에 이르면 수소의 원자핵들이 결합하여 헬륨을 만드는 핵융합 반응이 일어납니다. 이 반응에서 에너지가 발생하는데, 수소는 원자핵들이 많으므로 핵융합 과정에서 큰 에너지가 발생합니다. 이 에너지가 바로 별에 열과 빛을 주게 되지요.

이 과정에서 별의 내부 기체의 압력이 커져 별의 수축이 더 이상 진행되지 않습니다.

별의 수축은 성간 물질들 사이의 만유인력이고 그 방향은 별의 안쪽을 향합니다. 반면 기체의 압력은 기체가 팽창하려는 힘으로 그 방향은 밖으로 향하지요.

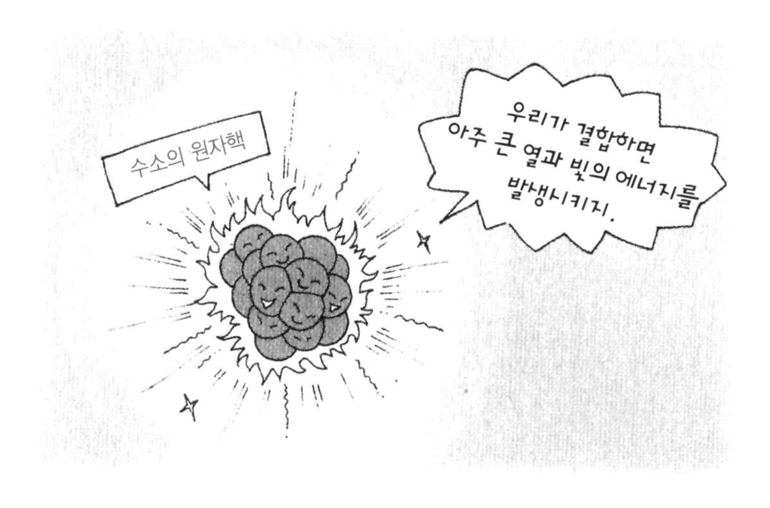

이 두 힘이 평형을 이루면 별이 안정된 모습을 찾게 되고, 마지막으로 원시별의 바깥을 에워싸고 있던 두꺼운 가스와 먼지와 우주 공간으로 날아가면서 별이 사람들의 눈에 그 모습을 드러내는 것입니다.

하지만 기체 상태의 성간 물질이 모인다고 모두 별이 되는 것은 아닙니다. 수축한 성간 물질의 양이 태양 질량의 $\frac{1}{10}$보다 작으면 내부 온도는 2,000℃만에 이르지 못하게 되어 핵융합이 이루어지지 않으므로 별이 되지 못하지요. 목성이 수소 기체로 이루어져 있음에도 불구하고 별이 되지 못한 것은 바로 이러한 이유 때문입니다.

만화로 본문 읽기

저 선수의 모습을 보니 갑자기 별의 탄생이 떠오르는군요.
네? 선생님도 참 엉뚱하시네요. 어떻게 저 모습을 보고 별의 탄생을 떠올리시는 거죠?

그 까닭을 설명해 보죠. 별과 별 사이에는 아무것도 없는 것처럼 보이지만 사실 기체와 아주 작은 고체 입자들이 있어요. 기체를 성간 가스, 아주 작은 고체 입자를 우주 먼지라고 부르고, 이 둘을 합쳐 성간 물질이라고 부르죠.
성간 가스
우주 먼지

그런데 성간 물질의 양이 장소에 따라 달라요. 성간 물질들이 많이 모여 있는 곳은 주변의 별빛을 반사시켜 아름다운 빛을 내는데 그곳을 성운이라고 불러요.
아~, 그게 성운이군요. 전에 책에서 본 적이 있어요.

바로 이 성운이 별들이 태어나는 요람이랍니다. 별이 만들어지기 시작하면 처음에는 성간 물질들이 천천히 뭉치다가 거리가 가까워지면 만유인력이 커져 점점 빠르게 뭉치며 별을 이루게 되지요.
뭉쳐야 별이 된다!

성운 속 성간 물질들은 처음 수축할 때는 넓게 퍼져 있어 느리게 회전하지만, 축이 빨라져 동그란 모양을 이루게 되면 빠르게 회전하게 되요. 저 선수가 팔을 안쪽으로 모으면 더 빠르게 회전하는 것과 같은 이유죠.

이렇게 빠르게 회전하면 별이 쪼개질 수도 있지만 하나의 별과 주위에 작은 다른 별이 생기는 연성이 만들어질 수도 있는 것이죠.
설명을 들으니까 저도 왠지 저 피겨스케이팅 선수의 모습이 별이 만들어지는 모습처럼 보이네요.

여섯 번째 수업 6

별의 진화

별의 모습은 어떻게 달라질까요?
별의 진화에 대해 알아봅시다.

6

여섯 번째 수업

별의 진화

교과연계		
교.	초등 과학 5-2	7. 태양의 가족
과.	중등 과학 2	3. 지구와 별
연.	중등 과학 3	7. 태양계의 운동
계.	고등 과학 1	5. 지구
	고등 지학 I	3. 신비한 우주
	고등 지학 II	4. 천체와 우주

찬드라세카르는 별도 사람처럼 진화한다며 여섯 번째 수업을 시작했다.

오늘은 원시별이 어떻게 진화하는지에 대해 알아보겠습니다.

사람에게도 수명이 있듯이 별도 무한히 살 수 있는 것은 아닙니다. 별을 빛나게 하는 주재료가 수소이므로 만일 수소가 다 타 버리면 별을 죽게 되지요.

보통 수소의 핵융합을 천문학자들은 '수소가 탄다'라고 표현합니다. 하지만 핵융합은 물질이 타는 연소 반응과는 아무 관계가 없으므로 옳은 표현은 아닙니다. 그러므로 이 책에서는 수소가 탄다는 표현 대신 수소의 핵융합이 일어난다는 표

현을 쓰겠습니다.

별의 밝기와 수명은 원시별의 질량과 밀접한 관계가 있습니다. 일반적으로 별의 밝기는 질량의 세제곱에 비례합니다. 그러니까 태양보다 2배 무거운 별은 태양 밝기의 8배가 되고, 태양 질양의 $\frac{1}{2}$인 별은 태양의 밝기의 $\frac{1}{8}$이 됩니다.

원시별의 질량이 크다는 것은 성간 물질이 많이 뭉쳐 있다는 것을 의미합니다. 즉, 수소가 많나는 얘기죠. 하지만 무거울수록 밝은 빛을 내기 때문에 무거운 별은 그만큼 수소를 빠르게 없앱니다. 그러므로 무거운 별은 짧은 삶을 살지요. 반면에 가벼운 별은 수소의 양은 적지만 어두운 빛을 내게 되므로 수소가 천천히 줄어 오래 살 수 있답니다. 이것을 간단하게 실험해 볼 수 있습니다.

찬드라세카르는 종이 몇 장을 놓고 불을 붙였다. 종이에 붙은 불은 천천히 종이 전체로 퍼지다가 다른 종이로 옮겨 붙었다.

이것이 가벼운 별의 모습입니다.

찬드라세카르는 다시 종이 몇 장을 놓고, 그 위에 기름을 뿌린 후 불을 붙였다. 순식간에 모든 종이가 불타올랐다.

이것이 무거운 별의 모습입니다.

예를 들어, 가벼운 별인 태양은 100억 년 동안 탈 수 있는 수소를 가지고 태어났습니다. 물론 지금까지 태양은 50억 년 동안 수소를 태워 왔으므로 이제 남아 있는 수소로 50억 년을 더 버틸 수 있지요. 우주의 나이가 150억 살이라는 것을 생각할 때 이 정도의 수명은 아주 긴 편입니다.

반면에 밤하늘에 푸르스름하게 빛나는 별인 시리우스는 질량이 큰 별이므로 수명이 짧습니다. 예를 들어, 태양 질량의 10배 정도의 별은 수명이 매우 짧아서 1,000만 년 정도이지요.

별의 진화

사람은 태어나면서부터 덩치가 점점 커집니다. 그럼 별은 어떻게 될까요?

원시별은 시간이 지날수록 온도는 점점 내려가고 크기는 점점 커지게 됩니다. 이것이 별의 진화입니다. 이렇게 별이 점점 커지는 상태를 주계열 상태라고 하고, 주계열 상태에 있는 별을 주계열성이라고 합니다. 우주에 있는 별 중 99%이상은 주계열성입니다. 태양도 점점 커지고 있는 주계열성이지요.

주계열성은 밀도가 균일하고 질량이 클수록 밝게 빛납니다. 또한, 크기가 태양의 크기의 $\frac{1}{10}$가량 되는 것에서부터 100배 정도 되는 것까지 있지요.

이때 별이 점점 커져 최대 크기가 되면 표면 온도가 가장 낮아져 빨간색을 띠게 되는데, 이 별을 적색 거성이라 부릅니다. 적색 거성은 표면 온도가 낮은 빨간 별임에도 불구하고 크기가 크기 때문에 밝게 보이지요.

별은 수명의 90%를 주계열 상태로 보내는데, 적색 거성 때까지의 별이 수축하려는 힘과 기체의 팽창하려는 압력이 평형을 이루어 별의 형태가 공 모양으로 안정되게 유지됩니다.

하지만, 적색 거성의 시기를 지나면 더는 핵융합을 할 재료인 수소가 없어 별은 공 모양의 안정된 형태를 유지하지 못하고 수축하게 되지요. 이때를 별의 죽음이라고 부릅니다.

늙은 별의 모습

원시별로 탄생한 별은 나이를 먹어 감에 따라 핵융합으로 수소는 점점 줄어들고, 헬륨은 점점 늘어납니다. 이로 인해 내부의 기체는 더 무거워지므로 만유인력에 의한 수축이 빨라져 온도가 더욱 높아지고 결국은 헬륨마저 핵융합하게 됩니다. 이러한 과정이 바로 별이 늙어 가는 과정이지요.

그러면 늙은 별은 어떤 모습일까요?

수소의 원자핵들이 달라붙어 헬륨의 원자핵이 만들어지고 난 후, 헬륨의 원자핵 3개는 핵융합을 하여 탄소 원자핵을 만들고, 다시 탄소 원자핵과 헬륨 원자핵이 핵융합하여 산소 원자핵을 만듭니다. 보통 가벼운 별은 여기까지 진화가 이루어집니다.

하지만 무거운 별의 진화는 다릅니다. 산소가 만들어진 후에 별 내부의 압력이 더욱 커지면서 핵융합에 의해 산소, 네온, 나트륨, 마그네슘, 규소, 니켈 등의 원소가 만들어지고 끝으로 철이 만들어집니다.

이러한 핵융합 과정은 철까지만 진행되고, 철부터는 핵융합에 의해 새로운 원소가 만들어지지 않습니다. 그것은 철이 가장 안정된 원소이므로 더 이상 핵융합이 진행되지 않기 때문입니다.

예를 들어 태양 질량의 10배 이상으로 태어난 별의 노년기 구조는 안쪽부터 철, 규소, 산소, 탄소, 헬륨, 수소의 껍질을 가진 모습이지요.

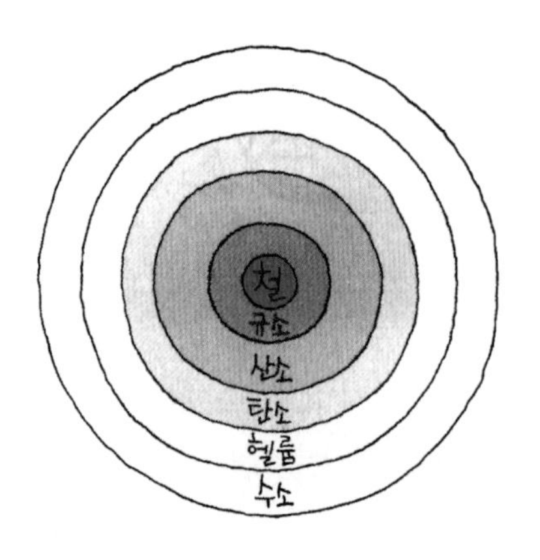

만화로 본문 읽기

별이 철수 군처럼 자라고, 늙는다는 사실을 알고 있나요?

네? 그게 무슨 말씀이세요? 별이 자라고 늙는다니요?

사람은 태어나면서부터 덩치가 점점 커지죠? 별도 그래요. 이렇게 원시별은 온도가 점점 내려가고 크기는 점점 커지는 주계열 상태가 되는데, 이러한 상태에 있는 별을 주계열성이라고 하죠.

와, 정말 저처럼 자라고 있는 거로군요.

살이 쪄 갈수록 추워진다.

별이 최대 크기가 되면 표면 온도가 가장 낮아져 빨간색을 띠는 적색 거성이 되지요. 이 시기를 지나면 더 이상 핵융합을 할 재료인 수소가 없어 공 모양을 유지하지 못하고 수축하게 되지요. 이때를 별의 죽음이라고 부릅니다.

적색 거성

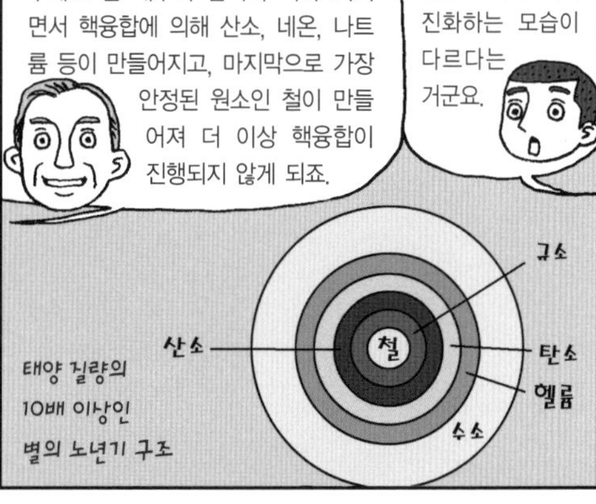

일곱 번째 수업

7

별의 죽음

별이 더 이상 빛을 내지 않는 것을 별의 죽음이라고 합니다.
별의 죽음에 대해 알아봅시다.

7

일곱 번째 수업

별의 죽음

교. 과. 연. 계.

초등 과학 5-2	7. 태양의 가족
중등 과학 2	3. 지구와 별
중등 과학 3	7. 태양계의 운동
고등 과학 1	5. 지구
고등 지학 I	3. 신비한 우주
고등 지학 II	4. 천체와 우주

찬드라세카르는
별이 죽는 과정을 이야기하며
일곱 번째 수업을 시작했다.

오늘은 별의 죽음에 대해 알아보겠습니다.

별의 중심부에서 수소가 바닥이 나면 더 이상 수소의 핵융합이 일어나지 않습니다. 이때 별 안 쪽의 무거운 물질들이 바깥쪽의 가벼운 물질들을 만유인력으로 잡아당겨 별은 수축을 하게 됩니다. 이것이 바로 별이 죽는 과정이지요.

별이 죽는 모습은 별의 질량에 따라 3종류로 나뉩니다. 이제 각각의 경우에 따라 별이 죽는 과정을 알아보겠습니다.

__네, 선생님.

태양 질량의 4배 이하인 별의 죽음

태양 질량의 4배 이하로 태어난 별은 적색 거성 단계에서 아주 천천히 수축합니다. 수축을 하는 이유는 그동안 수축을 막아 왔던 수소가 바닥나면서 수소 기체가 팽창 압력이 없어졌기 때문이지요.

그럼 왜 천천히 수축할까요?

예를 들어, 인간 피라미드를 생각해 봅시다. 맨 아래층에 3명, 중간 층에 2명, 맨 위에 1명이 타고 있는 경우를 보죠. 이때 팔의 힘이 센 사람이 아래층에 있고, 위로 올라갈수록 가벼운 학생들이 있으면 인간 피라미드는 안정적인 상태가 됩니다.

이때 아래층에 있는 학생들은 팔의 힘으로 위에 올라탄 학생들을 버티게 됩니다. 만일 그 힘이 없어지면 인간 피라미드는 무너지게 되지요.

이때 맨 아래층 학생들의 팔의 힘을 별의 안쪽에 있는 수소 기체가 팽창하고자 하는 압력으로 비유합시다. 그럼 아래층 학생들의 팔의 힘이 충분할 때는 인간 피라미드가 무너지지 않습니다. 그러므로 피라미드의 모양이 유지되지요. 이것은 수축하고자 하는 힘(만유인력)과 기체가 팽창하려는 힘이 평형을 이루어 별이 안정된 상태를 유지할 때를 나타냅니다.

하지만 오랜 시간 동안 이 자세를 유지하다 보면 아래층에 있는 학생들의 팔의 힘이 점점 약해져 결국 피라미드의 높이가 낮아지면서 인간 피라미드는 주저앉게 됩니다. 이것이 바로 가벼운 별의 죽는 모습을 비유한 것이지요.

이렇게 수축이 된 별을 백색 왜성이라고 부릅니다. 백색 왜성은 지름이 지구 크기와 비슷한 1만 km 정도이고 밀도가 1cm³당 1톤 정도이며, 표면 온도가 1만 ℃ 정도인 별입니다.

이 별의 구조는 전자가 빽빽해 마치 전자의 바닷속을 원자핵이 헤엄치고 있는 모양과 같지요.

백색 왜성은 어떻게 발견되었을까요? 1844년 독일의 천문학자 베셀(Friedrich Bessel, 1784~1846)은 시리우스가 직선이 아닌 구불거리는 운동을 하는 것은 시리우스 근처에 다른 별이 있어서 이 별의 인력이 영향을 받기 때문이라고 생각했습니다.

1862년 미국의 클라크(Alvan Clark, 1832~1897)는 시리우스 근처에 시리우스 밝기의 $\frac{1}{10000}$ 정도의 밝기를 가진 어두운 별을 관측했습니다. 이 별이 지금 시리우스 B라고 알려진 시

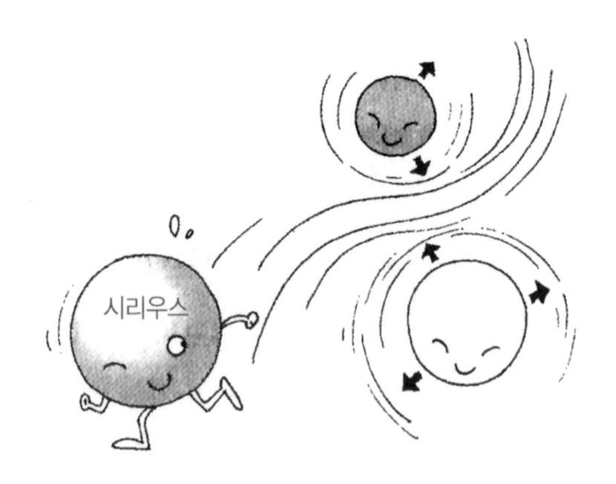

리우스의 동반성입니다. 시리우스 B의 반지름은 태양의 $\frac{1}{125}$배 정도, 질량은 태양의 0.96배 정도이고, 밀도는 태양의 2만 7,000배 정도입니다.

이 별이 인류가 발견한 최초의 백색 왜성이지요. 지금까지 수백 개의 백색 왜성이 관측되었고, 그중에는 크기가 지구의 반, 질량이 태양의 2.8배, 밀도가 태양의 36억 배나 되는 것도 있습니다.

태양 질량의 4배 이상 30배 이하인 별의 죽음

태양 질량의 4배 이상 8배 이하인 별들은 수소가 바닥이 나

면서 수소의 핵융합으로 만들어진 헬륨도 핵융합을 하게 됩니다. 이로 인해 중심에 탄소 핵이 만들어지고 그 주위에서는 여전히 헬륨이 타고 있지요. 하지만 점점 헬륨의 양은 줄어들고 탄소 핵의 질량은 증가합니다. 헬륨이 다 타 버린 뒤에는 탄소 핵의 바깥쪽이 가벼운 물질들을 잡아당겨 수축을 하고, 이로 인해 온도가 높아져 탄소 핵에 불이 붙습니다. 이때 발생하는 열에 의한 압력이 중력보다 훨씬 커지면 별은 폭발해 버리고 아무것도 남지 않지요.

태양 질량의 8배 이상 30배 이하로 태어난 별은 헬륨의 핵융합을 하고 난 뒤 중심에 마지막으로 철이 만들어지는데, 철은 안정된 원소이므로 더 이상 핵융합을 하지 않습니다.

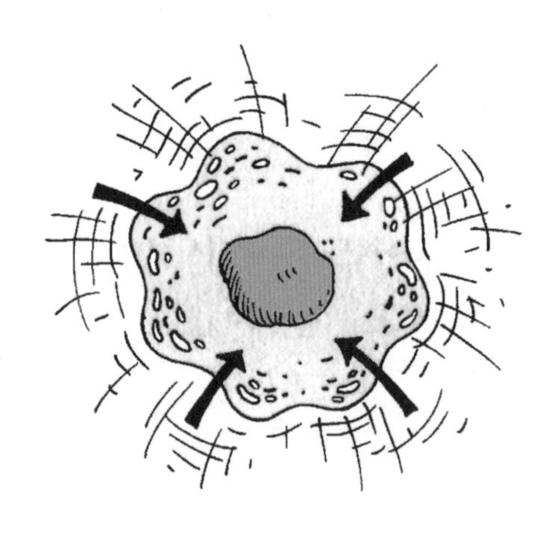

중심부 쪽으로 수축

따라서 중력과 평형을 이루고 있던 열에 의한 압력이 약해져서 중력에 의해 중심 쪽으로 끌어당겨지는 수축이 시작됩니다. 이때의 수축은 아주 빠른 속도로 이루어집니다.

이것을 인간 피라미드에 비유합시다. 만일 맨 아래층과 그 위층에 팔의 힘이 약한 학생들이 각각 3명, 2명이 있다고 합시다. 맨 위층에 아주 무거운 사람이 올라탄다면 인간 피라미드가 아주 빠르게 무너지겠지요?

이런 현상이 바로 무거운 별이 죽는 모습입니다. 이런 별들은 너무 빠른 수축 때문에 바깥쪽의 물질들이 수축되지 못하고 우주로 날아가 버리는데 이것을 초신성 또는 초신성 폭발이라 부릅니다.

1987년 초신성 1987A(SN1987A)가 대마젤란은하에 출현했

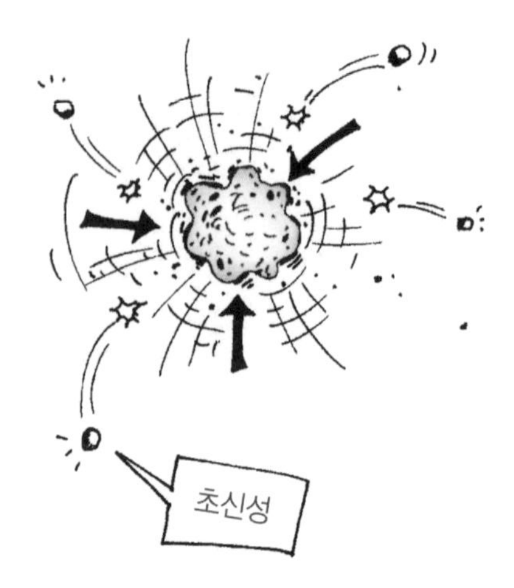

습니다. 태양의 100배인 거성이 급격한 중력 수축을 함으로써 이루어진 이 폭발은 12등급의 어두운 별이 2개월 동안 2.9등성으로 밝아진 초신성 폭발입니다.

이 별은 지구로부터 약 16만 광년 떨어져 있으므로 이 초신성 폭발은 약 16만 년 전에 일어난 과거의 사건이지요. 지금 이 순간 우주에서 어떤 별이 초신성 폭발을 하여 사라진다 해도 우리는 먼 미래에나 그 사실을 확인할 수 있게 되지요.

또한 초신성 폭발은 1,000년에 가까운 세월 동안에 1054년, 1572년, 1604년, 1987년, 딱 4회 관측될 정도로 희귀한 사건이고, 그 웅장한 광경 때문에 우주 쇼로 불립니다.

초신성 폭발로 별이 모두 사라지는 것은 아닙니다. 초신성 폭발 후 남은 부분에서는 전자와 원자핵과의 공간이 계속 수

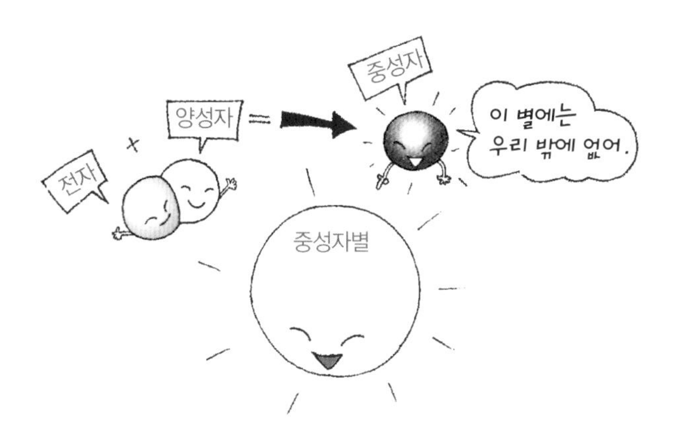

축되어 달라붙게 됩니다. 원자핵은 양의 전기를 띠고 있는 양성자와 전기를 띠지 않은 중성자로 이루어져 있는데, 전자가 양성자와 달라붙어 중성자로 바뀌는 반응이 일어납니다.

그러므로 이 별에는 온통 중성자만 남게 되는데 이 별을 중성자별이라고 부릅니다.

중성자별의 크기는 대개 백색 왜성의 $\frac{1}{700}$ 정도로 반지름이 15km 정도이고, 밀도는 백색 왜성의 100만 배 정도로 1cm^{3}당 5억 톤 정도입니다.

중성자별은 중력이 아주 큽니다. 아인슈타인(Albert Einstein, 1879~1955)의 상대성 이론에 따르면 중력이 큰 곳에서 시간이 천천히 흐르지요. 그러므로 중성자별에서의 시간은 지구에서보다 천천히 흐릅니다. 만일 쌍둥이가 있어 1명은 지구에서,

다른 1명은 중성자별에서 살다가 나중에 만나게 되면 시간이 천천히 흐른 중성자별에서 산 1명이 지구에서 산 다른 1명보다 어린 모습을 하고 있을 것입니다.

1967년 케임브리지 대학의 휴이시(Antony Hewish, 1924~)는 규칙적인 펄스(pulse)를 내는 천체를 발견하였습니다. 펄스는 아주 짧은 시간 동안만 흐르는 전파를 말하는데, 휴이시는 이 천체를 펄스를 보내는 천체라는 의미로 펄서(pulsar)라고 불렀습니다. 처음에 그는 규칙적인 펄스가 외계인이 보내온 전파라고 생각했지요. 그 후 이 펄스를 내는 펄서의 정체가 중성자별이라는 것이 밝혀지면서 중성자별이 존재한다는 것이 증명되었지요.

중성자별은 왜 펄스를 보낼까요? 그것은 중성자별이 아주 빠르게 회전하기 때문입니다. 중성자별은 1초에 수십 번 내지 수백 번 회전하지요. 예를 들어 게성운의 중심에 있는 중성자별은 1초에 30번 회전합니다.

중성자별은 지구처럼 자기장을 가지고 있으므로 주위에 전기를 띤 입자들을 가두어 두게 됩니다. 이들 전기를 띤 입자들이 움직이면서 전파를 만들어 내는데, 중성자별의 회전이 너무 빨라 중성자별에서 오는 전파는 일정 주기로 지구에 수신이 되었다 되지 않았다를 반복하는 규칙적인 펄스가 되는 것입니다.

__질량이 더 큰 별도 있나요?

마지막으로 태양 질량의 30배인 별의 죽음에 대해 알아보죠.

태양 질량의 30배 이상인 별의 죽음

1939년 오펜하이머(Robert Oppenheimer,1904~1967)는 중성자별의 질량에는 한계가 있다고 주장했습니다. 즉, 초신성 폭발 후 남아 있는 중심부의 질량이 태양 질량의 약 1.5배 이하면 백색왜성으로 남지만, 약 1.5배를 넘으면 더욱 수축하

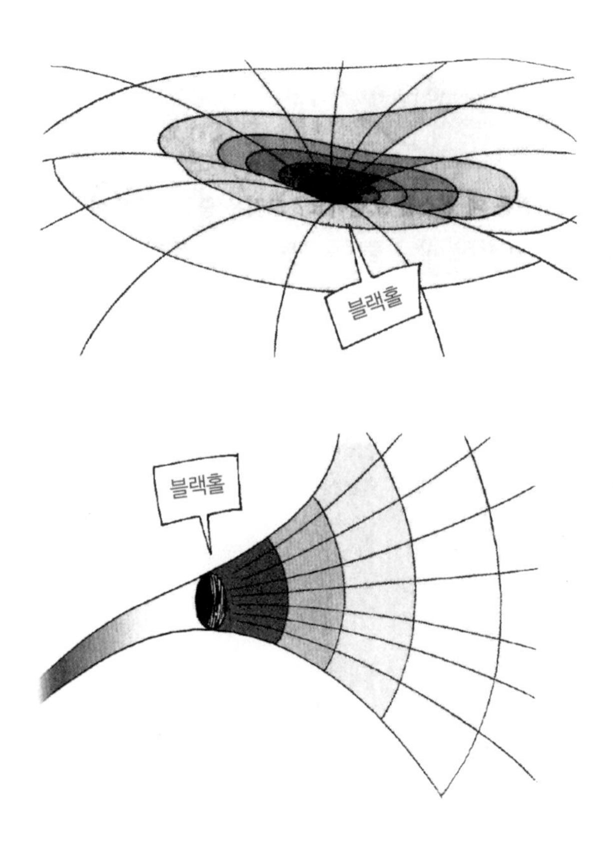

여 거의 한 점에 모든 질량이 모여 있는 상태가 되는데 이것을 블랙홀이라 부릅니다.

그러므로 블랙홀은 중력이 강해서 한 번 빨려 들어가면 다시는 도망칠 수 없게 됩니다. 따라서 과학자들은 블랙홀이 우주를 빠려나가는 입구의 역할을 한다고 믿고 있습니다.

블랙홀은 중력이 너무 크기 때문에 아인슈타인의 상대성이론에 따라 시간이 거의 흐르지 않습니다. 그래서 우리가 블랙홀 근처에서 잠깐의 시간을 보내고 나면, 지구의 시간은 아주 빠르게 흘러 오랜 시간 후가 되어 있겠지요. 그러므로 블랙홀 근처에서 지낸다는 것은 시간상으로 지구의 미래로 가는 것을 의미합니다.

그럼 블랙홀을 볼 수 있을까요? 물체를 보려면 물체 스스로가 빛을 내거나 어떤 다른 빛을 반사시켜야 합니다. 하지만 블랙홀은 빛조차도 빨아들이기 때문에 어떤 빛도 블랙홀에서 나오지 않습니다. 그러므로 블랙홀은 우리 눈으로 볼 수 없는 천체입니다.

과학자의 비밀노트

블랙홀 후보, 백조자리 X-1(혹은 고니자리 X-1)

우리 은하계 안에 블랙홀이 있을까? 있다면 가장 유력한 후보는 백조자리 X-1이다. 이 천체는 강한 X선을 방출하고 있으며, 질량은 태양의 약 8.7배이나 어떤 천체보다도 밀도가 높기 때문이다.

백조자리 X-1은 1974년 스티븐 호킹(Stephen Hawking)과 미국의 천체 물리학자 손(Kip Thorne) 사이에 벌어졌던 내기의 대상이었다. 당시 스티븐 호킹은 블랙홀이 아니라는 데에, 손은 그 반대에 걸었으나 여러 가지 관측 자료들에 의해 1990년 호킹은 내기에 졌음을 인정했다.

만화로 본문 읽기

선생님, 별이 더 이상 빛을 내지 않으면 그 별은 죽은 별인가요?
그렇지요. 오늘은 별이 죽는 모습에 대해 이야기해 줄게요.

별의 중심부에서 수소가 바닥나면 더 이상 수소의 핵융합이 일어나지 않아서 별은 수축을 하게 되는데, 이것이 별이 죽는 과정이에요.
별은 수축을 하면서 죽는군요.
아이고… 죽을날이 멀지 않았구나.

별이 죽는 모습은 별의 질량에 따라 3종류로 나뉘는데, 별이 죽는 과정은 각각의 경우에 따라 서로 달라요.
그렇군요.
1. 태양 질량의 4배 이하인 별의 죽음
2. 태양 질량의 4배 이상 30배 이하인 별의 죽음
3. 태양 질량의 30배 이상인 별의 죽음

태양 질량의 4배 이하인 별은 적색 거성 단계에서 천천히 수축해요. 수소가 바닥나면서 그동안 수축을 막아 왔던 수소 기체의 팽창 압력이 없어졌기 때문이지요.
난 천천히…
그런데 왜 천천히 수축을 하나요?

위로 갈수록 무게가 가벼운 인간 피라미드에서, 맨 아래층 학생의 팔의 힘을 수소 기체가 팽창하려는 압력에 비유하면 처음엔 수축과 팽창이 평형을 이루어 별이 안정된 상태를 유지할 거예요.

하지만 오랫동안 이 자세를 유지하면 아래층 학생들의 팔의 힘이 약해져 주저앉게 되지요. 이것이 바로 가벼운 별의 죽는 모습을 비유한 것입니다.
인간 피라미드를 생각하니까 이해가 잘 되네요.
아이쿠~

여덟 번째 수업

8

변광성

빛의 밝기가 주기적으로 변하는 별을 변광성이라고 합니다.
변광성에 대해 알아봅시다.

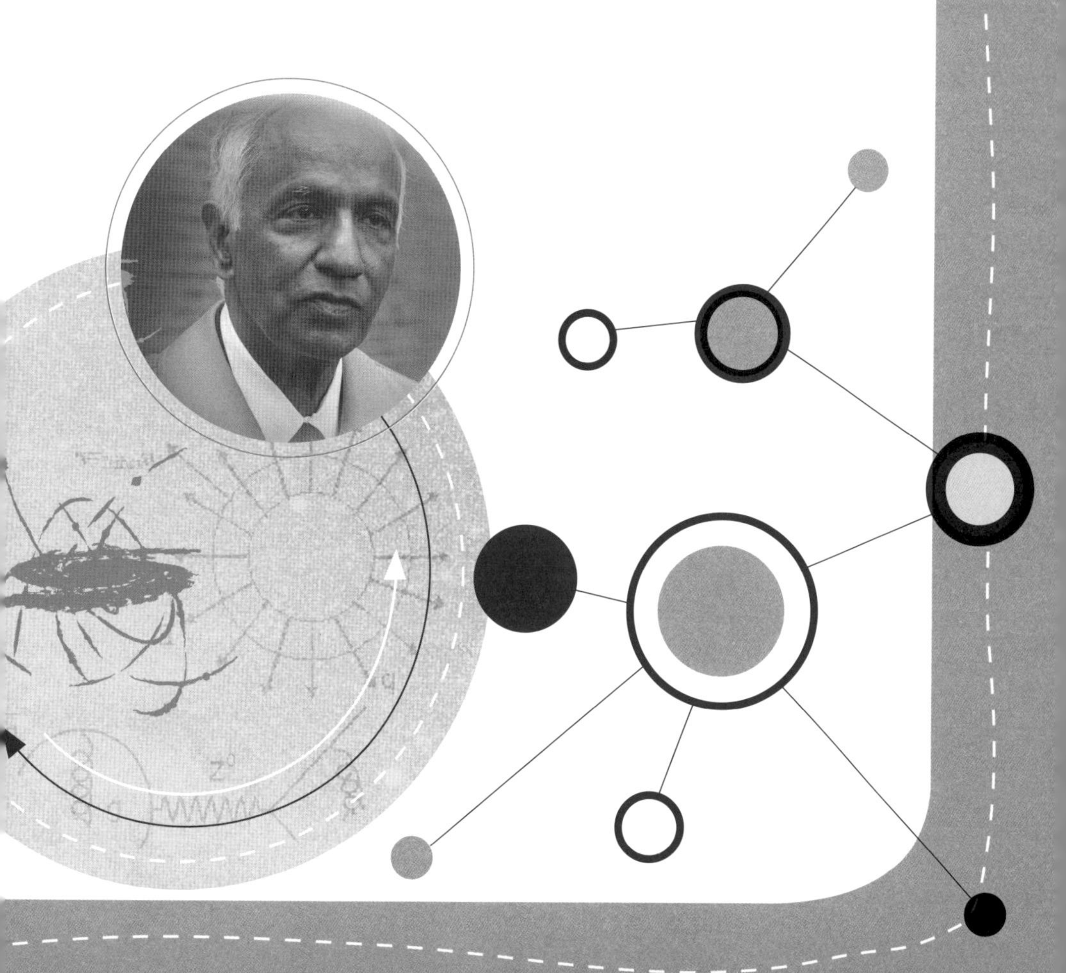

8

여덟 번째 수업

변광성

교과연계		
초등 과학 5–2	7. 태양의 가족
중등 과학 2	3. 지구와 별
중등 과학 3	7. 태양계의 운동
고등 과학 1	5. 지구
고등 지학 Ⅰ	3. 신비한 우주
고등 지학 Ⅱ	4. 천체와 우주

찬드라세카르는
밝기가 달라지는 별도 있다며
여덟 번째 수업을 시작했다.

태양은 항상 같은 밝기로 빛나죠? 하지만 별 중에는 밝기가 달라지는 별이 있습니다. 이러한 별을 변광성이라고 부르지요.

오늘은 변광성에 대해 알아보겠습니다.

1596년 독일의 천문학자 파브리치우스(David Fabricius, 1564~1617)는 고래자리의 한 별을 관측하는 도중 그 별이 처음에는 밝았다가 점점 희미해지면서 사라지는 현상을 관측했습니다. 이것이 바로 별의 밝기가 달라지는 변광성인데,

그는 이 별에 '놀라운 별'이라는 의미의 미라(Mira)라는 이름을 붙여 주었습니다.

계속되는 관측을 통해 미라의 밝기는 332일을 주기로 변한다는 것을 알았고, 가장 밝을 때는 2등성으로, 가장 어두울 때는 10등성으로 보인다는 것도 알았습니다. 이 별은 332일이 지나면 다시 원래의 밝기가 되는데, 이 시간을 변광성의 주기라고 부릅니다.

오늘날 우리는 수많은 변광성을 관측할 수 있습니다. 그리고 이 중에는 주기가 규칙적인 변광성도 있고 주기가 불규칙한 변광성도 있습니다. 각각의 경우에 속하는 별에 대해 좀 더 자세히 알아볼까요?

규칙 변광성

규칙적인 변광성 중에서 가장 유명한 것은 세페이드 변광성입니다. 이 변광성은 세페우스자리의 델타별에서 이름 붙여졌습니다. 델타별은 아주 큰 별로 태양의 3~10배 이상 무겁고 수십만 배나 밝은 별입니다. 이 별은 며칠 주기로 커졌다 작아졌다 하면서 표면의 온도가 달라져 밝기가 변하지요.

또 다른 규칙 변광성으로는 오리온자리의 적색 거성인 베텔게우스나 거문고자리의 RR형 변광성을 들 수 있습니다. 특히 RR형 변광성은 하루에 1등급씩 밝기가 변하므로 별까지의 거리를 측정하는 데 이용됩니다.

불규칙 변광성

이번에는 밝기 변화의 주기가 일정하지 않은 불규칙 변광성에 대해 알아봅시다

북쪽왕관자리에 R형 변광성은 밝았다 어두워지는 주기가 일정하지 않습니다. 보통 이 별은 눈으로 겨우 볼 수 있을 정도의 밝기를 가지고 있지만 몇 년에 한 번 8등급 정도로 어두워집니다.

이 별의 밝기가 변하는 이유는 몇 년에 한 번 별의 표면에서 어두운 탄소 구름을 뿜어내기 때문입니다. 그러므로 이 구름이 깔려 있는 동안에는 별의 밝기가 아주 어두워지는 것이지요.

쌍성

별의 밝기가 변하는 또 다른 예로 쌍성을 들 수 있습니다. 태양처럼 주위에 다른 별이 없을 때를 단독성이라고 부르고, 2개의 별이 이웃하고 있어 두 별 간의 무게중심을 중심으로 회전하는 별을 쌍성이라고 부릅니다.

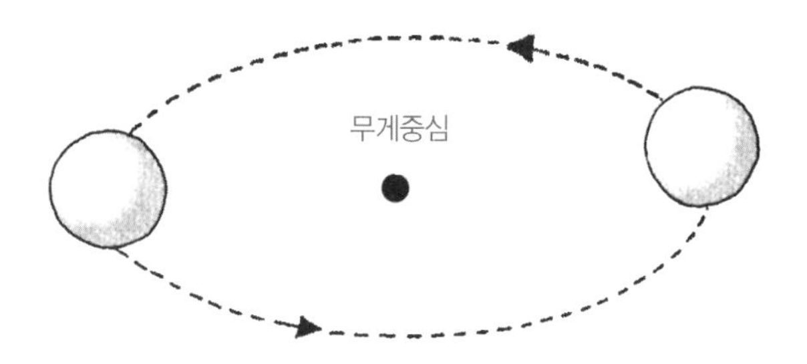

우주에는 단독성보다는 쌍성이 많습니다. 하지만 쌍성은 워낙 멀리 떨어져 있어 2개의 별로 보이지 않고 하나의 별로 보이게 되는데, 이때 쌍성의 회전 때문에 별의 밝기가 다르게 보입니다.

그럼 실험을 해 보죠.

찬드라세카르는 빛이 나는 2개의 공을 들고 학생들로부터 아주 먼 곳으로 갔다. 어두운 밤이었기 때문에 다른 불빛은 없었다. 찬드라

세카르가 2개의 공을 양손에 쥐고 서 있었지만 학생들의 눈에는 하나의 불빛으로 보였다.

2개의 공에서 나오는 빛이 하나로 보이지요? 지금이 제일 밝을 때입니다.

찬드라세카르는 2개의 공을 학생들과 일직선을 이루도록 들었다. 그러자 학생들의 눈에는 불빛이 어두어져 보였다.

이번에는 어두워졌죠? 이것은 뒤에 있는 공의 빛이 앞의 공에 반사되어 뒤로 퍼져 여러분의 눈에 들어가지 않기 때문

이지요. 이렇게 쌍성은 두 별이 돌면서 두 별빛이 모두 보일 때도 있고, 한 별이 다른 별을 가려 별빛이 약해지는 경우도 있습니다. 이것이 바로 쌍성의 별빛이 달라지는 이유이지요.

만화로 본문 읽기

어? 저 별은 처음에는 밝았었는데 점점 희미해지면서 사라져요.
그것은 별의 밝기가 달라지는 변광성이에요. 파브리치우스가 고래자리의 한 별을 관측하다가 변광성을 처음 관측했지요.
그는 놀라운 별이라는 의미의 미라(Mira)라는 이름을 붙여 주었어요. 미라의 밝기는 332일을 주기로 변하는데, 이 시간을 변광성의 주기라고 불러요.
주기에 따라서 밝기가 변하는군요.
저건 변광성이야. 미라(Mira)라고 부르자.
고래자리

오늘날 수많은 변광성을 관측할 수 있는데 이 중에는 주기가 규칙적인 변광성도 있고, 불규칙한 변광성도 있지요. 규칙적인 변광성 중에서 가장 유명한 것은 세페이드 변광성이에요.
유명하다니 기대가 되는데요.
나는 주기가 일정해!
나는 주기가 불규칙해!
규칙 변광성
불규칙 변광성
이 변광성은 세페우스자리의 델타별에서 이름 붙여졌지요. 델타별은 아주 크고 무거운 별로 태양의 수십만 배나 밝고, 주기적으로 커졌다 작아졌다 하면서 표면 온도가 달라져서 밝기가 변하지요.
태양보다 수십만 배나 밝은 별이라니 대단해요.
난 델타별
태양보다 수십만배나 밝지.

또 다른 규칙 변광성에는 어떤 것이 있나요?
오리온자리의 적색 거성인 베텔게우스나 거문고자리의 RR형 변광성을 들 수 있어요. 특히 RR형 변광성은 하루에 1등급씩 밝기가 변하기 때문에 별까지의 거리를 측정하는 데 이용되지요.
불규칙 변광성에는 어떤 것이 있나요?
북쪽왕관자리의 R형 변광성은 눈으로 겨우 볼 수 있는 밝기이지만 몇 년에 한 번 표면에서 어두운 탄소 구름을 뿜어내기 때문에 8등급 정도로 어두워져요.
탄소구름
안보여...

마 지 막 수 업

태양 이야기

태양은 지구에서 가장 가까운 곳에 있는 별입니다.
태양의 모든 것을 알아봅시다.

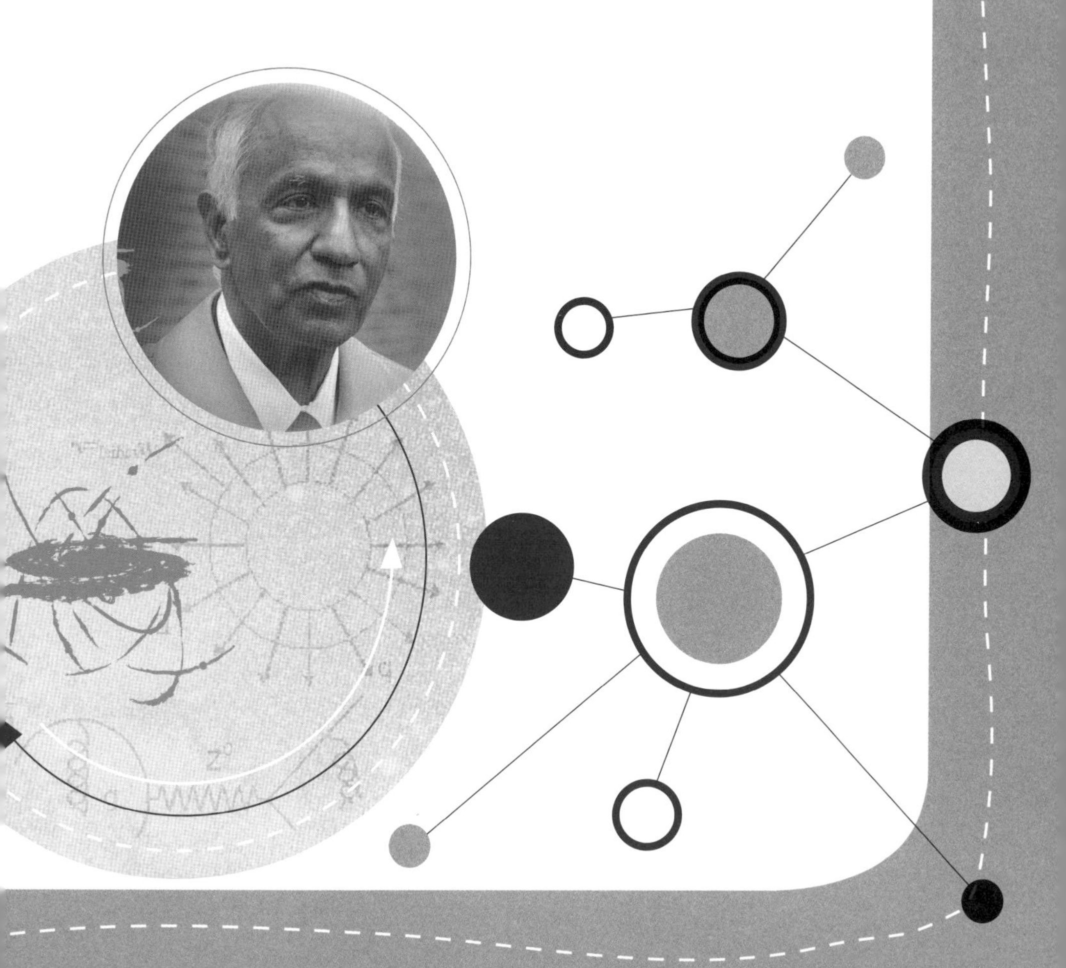

9

마지막 수업

태양 이야기

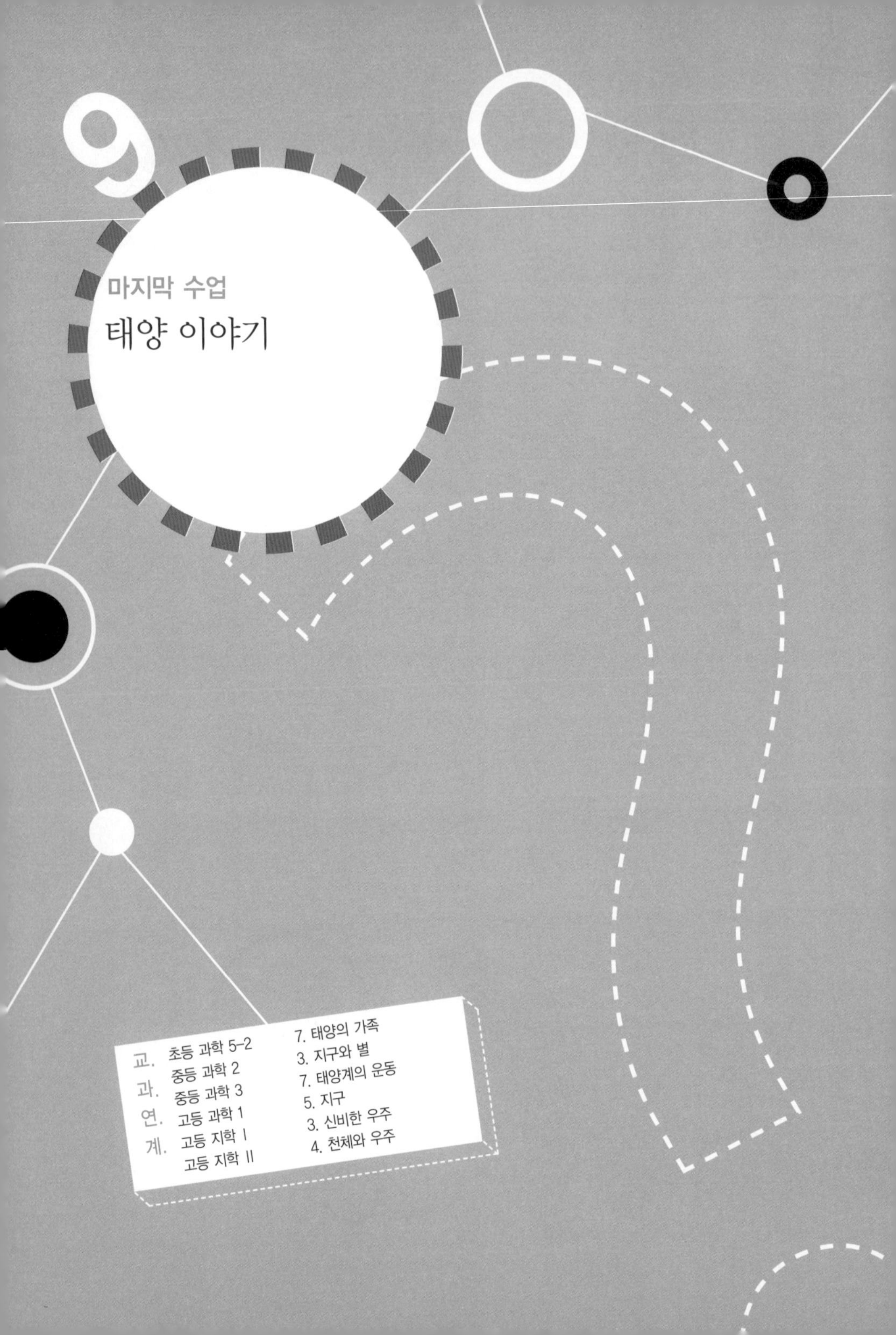

교과연계.

초등 과학 5-2	7. 태양의 가족
중등 과학 2	3. 지구와 별
중등 과학 3	7. 태양계의 운동
고등 과학 1	5. 지구
고등 지학 I	3. 신비한 우주
고등 지학 II	4. 천체와 우주

찬드라세카르는 태양에 대한 설명으로 마지막 수업을 시작했다.

오늘은 지구가 속해 있는 태양계의 유일한 별, 태양에 대해 얘기하겠습니다.

처음 태어났을 때의 원시 태양은 지금의 태양에 비해 1,000배 정도 밝고 크기도 100배 이상이었습니다. 하지만 그 후 1,000만 년 동안 수축되어 지금과 같은 크기가 되었지요. 태양은 가벼운 별이므로 수명은 약 100억 년이고, 지금의 나이는 50억 년 정도입니다.

원시 태양은 질량이 크고 중심의 큰 압력으로 온도가 높아져, 수소의 원자핵들이 달라붙어 헬륨 원자핵을 만드는 핵융

합 반응이 일어났습니다. 이것이 바로 태양에 빛과 열을 주게 된 것이지요.

태양은 지금도 핵융합 반응이 활발하게 진행되고 있습니다. 태양계에서는 매초 6억 톤의 수소가 헬륨으로 변하고 있고, 헬륨의 재가 고이면서 태양의 온도는 점점 내려가고 있지요. 그와 동시에 태양은 점점 커지게 되어 지금부터 40억 년 후에는 적색 거성이 됩니다. 이때 태양의 온도는 4,000℃로 내려가고 수성과 금성을 삼키게 되지요.

그 후 중심의 수소가 다 타면 핵융합이 끝나고 중심 핵의 가스 압력이 없어지므로 중력에 의한 수축이 시작되어 백색 왜성으로 그 최후를 맞이하게 됩니다.

태양에 대한 정보

태양의 반지름은 69만 6,000km입니다. 이는 지구의 반지름의 109배 정도이지요. 그러므로 태양의 부피는 지구의 130만 배가 넘습니다. 또한 태양의 질량은 지구 질량의 약 33만 배이고, 태양 표면에서의 중력은 지구의 약 28배가 됩니다.

그렇다고 태양의 모든 것이 지구보다 큰 것은 아닙니다. 지구는 주로 고체로 이루어져 있지만 태양은 기체로 이루어져 있으므로 태양의 밀도는 지구 밀도의 $\frac{1}{4}$ 정도입니다.

태양의 표면에는 어둡게 보이는 점들이 있습니다. 이것을

태양의 흑점이라고 부르지요. 흑점 중에는 지구보다 큰 것도 있습니다.

흑점을 매일 관찰해 보면 왼쪽에서 오른쪽으로 움직인다는 것을 알 수 있습니다. 이것이 바로 태양이 스스로 돌고 있다는 증거입니다. 태양은 서에서 동으로 자전을 하는데, 대략 25일마다 1바퀴를 돕니다.

태양의 밝게 빛나는 부분을 광구라고 합니다. 광구 속에서는 기체들의 대류가 일어나 에너지가 광구의 표면으로 전달되어 표면의 온도가 6000℃에 이르게 합니다. 물론 태양의 내부는 표면보다 온도가 훨씬 높고 압력도 높지요.

과학자의 비밀노트

태양과 지구

태양 활동의 기준이 되는 상대 흑점 수의 증감과 지구의 평균 기온의 변화를 비교해보면 흑점 수가 많을 때, 즉 태양 활동이 활발한 시기에는 평균 기온이 높다. 그리고 흑점 수가 많지 않을 때, 즉 태양 활동이 그다지 활발하지 않은 시기에는 평균 기온이 낮다.

또한 태양의 밝기는 흑점 수가 많아지는 해에 밝아지고, 흑점 수가 적은 해에는 어두워진다. 이것은 흑점 수가 많을수록 태양은 밝아지고, 그만큼 지구에 도달하는 에너지도 많아진다는 것을 뜻한다. 따라서 태양 활동이 지구 기후에 영향을 미치고 있다고 생각할 수 있다. 이에 최근 미국의 마샬 연구소에서는 지구 온난화의 원인이 온실 효과에 의한 것보다 태양 활동에 있는 것 같다는 발표를 한 적이 있다.

만화로 본문 읽기

태양은 태양계에서 유일한 항성인데, 저는 태양에 대해서 아는 게 별로 없어요.
하하, 태양의 반지름은 지구 반지름의 109배 정도이지요. 또한 태양의 부피는 지구의 130만 배가 넘는답니다.

원시 태양은 지금의 태양에 비해 1000배 밝고 크기도 100배 이상이었지요. 태양은 수명은 약 100억 년이고, 지금의 나이는 50억 년 정도예요.
아직 50억 년을 더 살 수 있네요.
내 수명은 100억 년

어떻게 태양이 빛과 열을 가지게 된 것인가요?
원시 태양은 질량이 크고 중심의 큰 압력으로 수소의 원자핵들이 달라붙어 헬륨 원자핵을 만드는 핵융합 반응이 일어났어요. 이것이 바로 태양에 빛과 열을 주게 된 것이에요.
이중수소
중성자
에너지
삼중수소
헬륨
빛과 열 발산

태양은 지금도 핵융합 반응이 활발하게 진행되고 있어요. 태양에서는 매초 6억 톤의 수소가 헬륨으로 변하고 있는데, 헬륨의 재가 고이면서 태양의 온도는 점점 내려가고 있지요.
태양의 온도가 내려가고 있다고요?
내 몸의 온도가 점점 내려가...

또 태양은 점점 커지게 되어 지금부터 40억 년 후에는 적색 거성이 될 거예요. 이때 태양의 온도는 4000℃로 내려가고 수성과 금성을 삼키게 되지요.
수성과 금성을 삼킨다니 무서운데요.
우후후~
수성
금성
내 밥들...

중심의 수소가 다 타면 핵융합이 끝나고 가스 압력이 없어져서 중력에 의한 수축이 시작되어 백색 왜성으로 최후를 맞이하게 되지요.
태양도 시간이 지나면 죽게 되는군요. 안타깝네요.
이제 안녕...

부 록

백설 공주와 일곱 별의 난쟁이

이 글은 독일의 전래 동화, 〈백설 공주〉를 패러디한 저자의 과학 동화입니다.

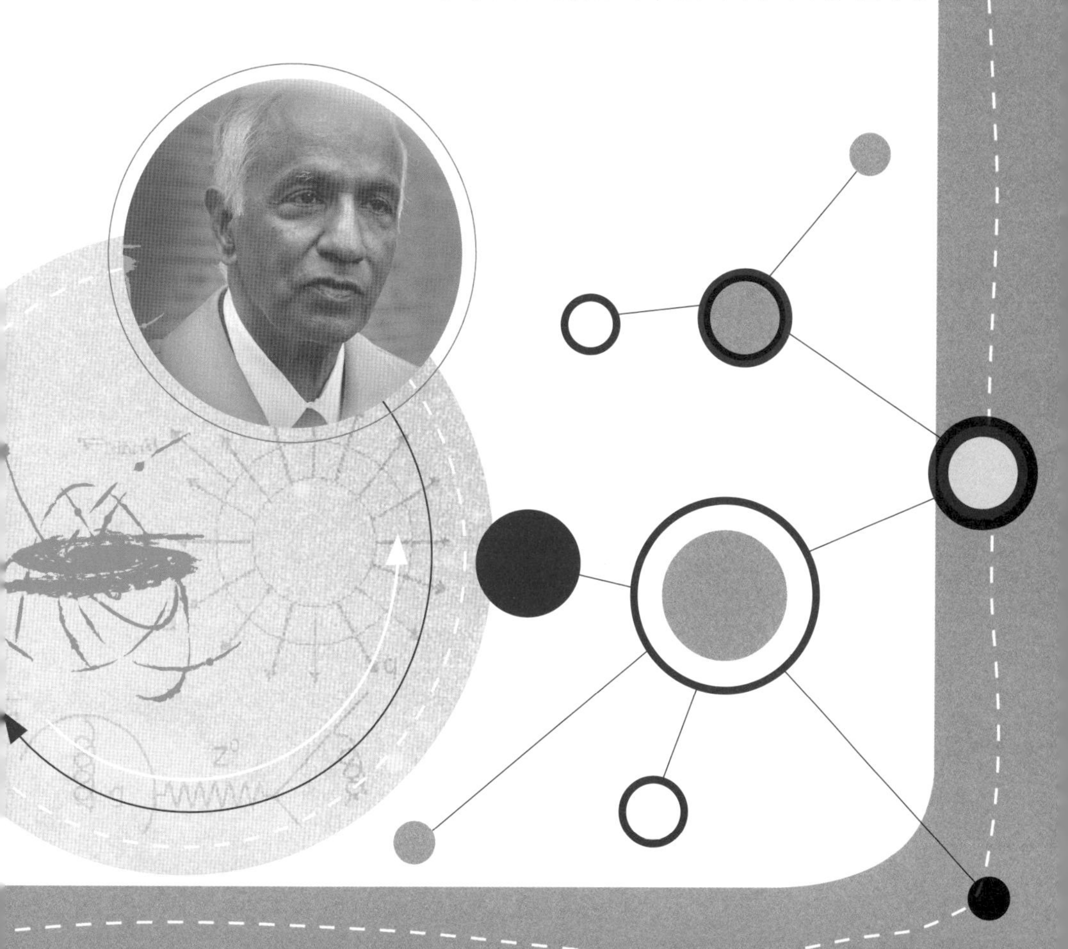

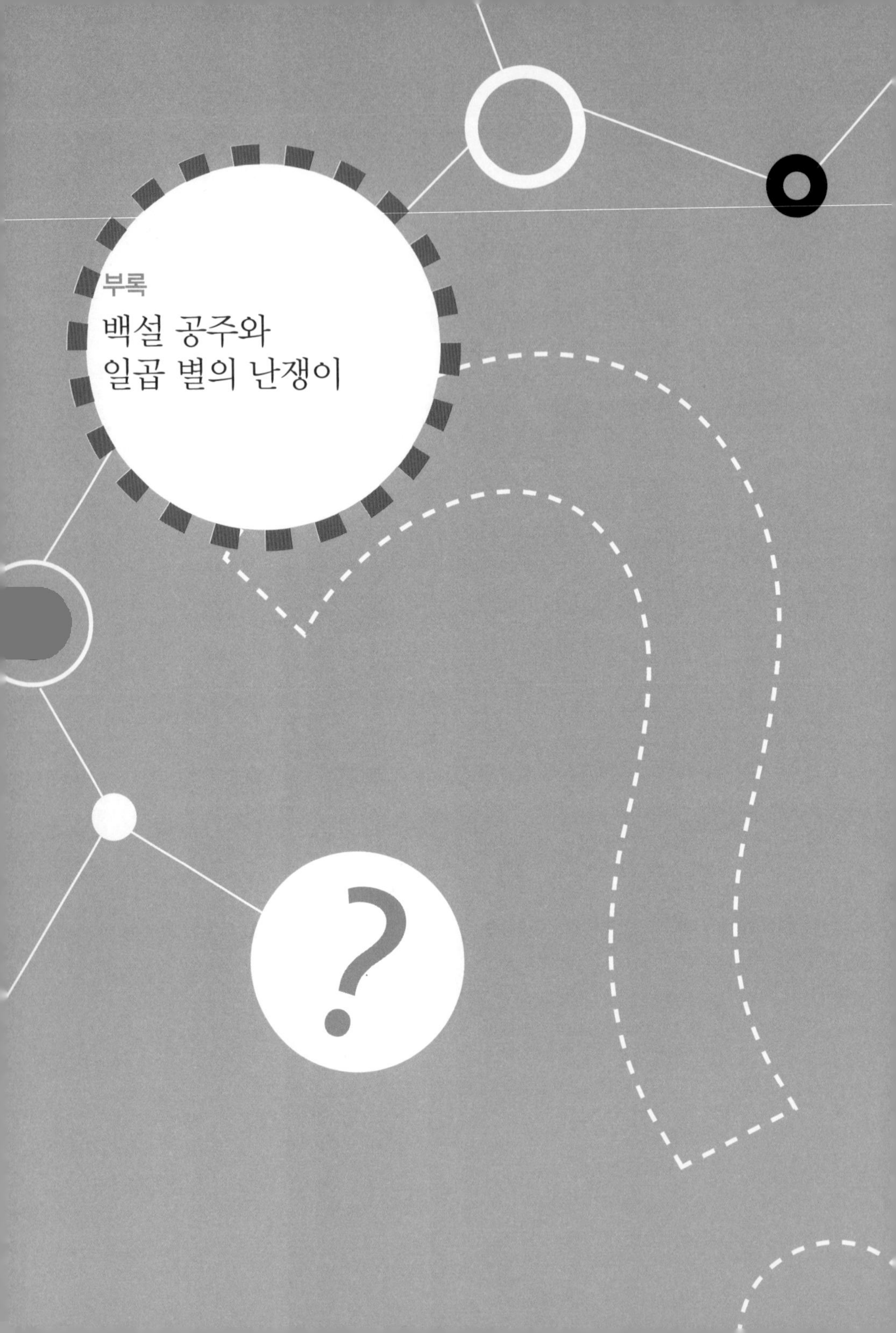

부록

백설 공주와 일곱 별의 난쟁이

지구라는 아름다운 행성에 랠러티 왕국이 있었습니다.

이 나라에는 백설 공주라는 아름다운 공주가 살고 있었습니다. 백설 공주의 이름은 하얀 눈이 내리는 날 태어났기 때문에 붙여졌지요. 백설 공주는 이름처럼 순백의 착한 마음씨를 가지고 있어 많은 사람들의 사랑을 받았습니다.

백설 공주는 어렸을 때 어머니를 여의고 아버지 호킹 대왕과 단둘이 살고 있었습니다. 하지만 아버지는 나라를 다스리는 데 바빠 백설 공주를 제대로 돌볼 수 없었습니다. 그래서 백설 공주는 유모와 함께 대부분의 시간을 보냈지요.

랠러티 왕국 사람들은 온순하여 다른 나라와 전쟁을 하지 않고 사이좋게 지냈습니다. 그래서 왕국에는 항상 평화로운 날들이 계속되었습니다.

그러던 어느 날 호킹 대왕이 백설 공주를 불렀습니다.

"백설 공주야, 너도 이제 새엄마가 필요하겠지? 아버지가 재혼을 하려고 하는데 허락해 주겠니?"

호킹 대왕이 조심스럽게 물었습니다.

"아버지가 원하신다면……, 저는 괜찮아요. 새엄마와 사이좋게 지낼게요."

백설 공주는 아버지의 뜻에 따르기로 했습니다.

다음 날 새로운 왕비를 뽑는다는 소문이 전국에 퍼졌습니다. 수많은 여자들이 왕비가 되고 싶어했지요.

신하들은 왕의 마음에 들만 한 몇 명의 사진을 호킹 대왕에게 보여 주었습니다. 호킹 대왕은 그중 가장 아름다운 헬리오스라는 여자를 왕비로 택했습니다.

헬리오스 왕비는 항상 노트북 컴퓨터를 들고 다녔습니다. 그 컴퓨터에는 카메라가 달려 있어 왕비는 자주 사진을 찍곤 했지요. 왕비는 자신의 사진을 보고 항상 흐뭇해했습니다. 자신이 우주에서 가장 예쁘다고 생각했기 때문이지요.

그날도 헬리오스 왕비는 자신의 사진을 찍었습니다. 잠시

후 화면에 왕비의 사진이 나타났습니다. 헬리오스 왕비는 노트북 컴퓨터에다 다음과 같을 글을 입력했습니다.

'이 우주에서 가장 아름다운 여자는 누구지?'

컴퓨터의 화면에 나타난 사진은 놀랍게도 자신의 얼굴이 아닌 다른 여자의 얼굴이었습니다.

"어떻게 나 아닌 다른 여자의 얼굴이 나타날 수 있지? 이건 말도 안 되는 일이야."

헬리오스 왕비는 매우 화가 났습니다.

"백설 공주! 호킹 대왕의 딸! 이 아이가 나보다 예쁘단 말이야? 이건 말도 안 되는 일이야. 프로그램에 오류가 생긴 게 분명해."

왕비는 컴퓨터를 껐다가 다시 켜고는 같은 질문을 입력했습니다. 여전히 백설 공주의 얼굴이 화면에 나타났습니다. 왕비는 분노하여 신하를 불렀습니다.

"지금 당장 백설 공주를 로켓에 태워 블랙홀에 빠뜨리고 오너라."

왕비는 신하에게 명령했습니다.

한편 백설 공주는 방에서 책을 읽고 있었습니다. 그때 누군가가 문을 두드리는 소리가 들렸습니다.

"들어오세요."

백설 공주는 상냥하게 말했습니다.

잠시 후 키가 아주 작고 머리가 하얀 할아버지가 방으로 들어왔습니다.

"누구세요?"

백설 공주는 놀란 눈으로 물었습니다.

"저는 안드로메다은하의 일곱 별에서 온 아인슈타인이라는 난쟁이입니다."

아인슈타인이 정중하게 대답했습니다.

"안드로메다은하라면 우리 은하에서 가장 가까운 은하이군요. 그런데 무슨 일로 이곳까지 오신 거죠?"

백설 공주가 물었습니다.

"저희들은 지구 랠러티 왕국의 호킹 대왕님 덕분에 독립했습니다. 그래서 항상 그 은혜를 갚을 날만 기다려왔지요. 우리

는 공주님이 사는 지구의 미래를 조사해 보았습니다. 그랬더니 놀랍게도 헬리오스 왕비가 공주를 죽이고 호킹 대왕에게서 옥새를 빼앗아 나라를 차지한다고 되어 있었지요. 그래서 호킹 대왕님의 하나뿐인 딸인 공주님을 지키고 랠러티 왕국을 구하기 위해 일곱 별의 대표로 제가 지구에 온 것이예요."

아인슈타인은 자신이 지구로 온 이유를 자세하게 설명했습니다.

"제가 죽는다고요?"

백설 공주는 눈을 크게 뜨고 아인슈타인을 바라보았습니다. 하지만 아인슈타인의 말을 믿을 수 없었습니다.

그때 다시 노크 소리가 들리더니 왕비의 신하들이 들어와 백설 공주를 데리고 갔습니다.

"아인슈타인, 저를 살려 주세요!"

백설 공주가 애원했습니다.

아인슈타인이 신하들에게 백설 공주를 살려 달라고 부탁했지만 소용없는 일이었습니다. 아인슈타인 역시 백설 공주와 함께 붙잡혀 로켓에 실려 가게 되었지요.

로켓은 랠러티 왕국에서 가장 가까운 블랙홀까지 가도록 자동으로 설정되어 있었습니다. 이제 꼼짝없이 백설 공주와 아인슈타인은 블랙홀로 빨려 들어가게 되었지요.

“3, 2, 1, 0 발사!”

요란한 소리를 내며 두 사람을 태운 로켓은 우주를 향해 날아갔습니다.

로켓은 태양계를 빠져나와 은하의 중심으로 향했습니다. 그곳에 블랙홀이 있기 때문이지요.

“이제 우리는 블랙홀로 빨려 들어가는 건가요?”

백설 공주가 눈물을 글썽거렸습니다.

“공주님, 걱정하지 마세요! 이 로켓은 제가 여러 번 조종한 적이 있는 모델입니다. 제가 조종해 보겠습니다.”

아인슈타인은 자동 모드를 수동으로 바꾸고 조종석에 앉았습니다. 로켓이 우주의 중심에 가까워지자 여러 색깔의 별들이 반짝거렸습니다.

“별들이 너무 많아요. 이런 하늘은 처음 봐요.”

백설 공주는 로켓이 블랙홀에 빨려 들어간다는 생각을 잠시 잊어버렸습니다.

“은하에는 아주 많은 별들이 모여 있지요. 그런데 은하 안에서는 어떤 곳에는 별이 많고 어떤 곳에는 별이 적지요. 대부분 은하 중심에 많은 별들이 모여 있고 바깥으로 갈수록 별이 적지요. 지구와 태양은 은하의 중심에서 멀리 떨어져 있기 때문에 주위에 별들이 많지 않아요. 그래서 지구에서의 밤하늘은 어두운 거죠. 이곳은 은하의 중심에 가까워서 밤하늘이 아주 밝답니다.”

아인슈타인이 친절하게 설명해 주었습니다. 백설 공주는 잠시 모든 것을 잊고 수많은 별빛들이 펼치는 아름다운 우주쇼를 감상했습니다.

아인슈타인이 갑자기 소리쳤습니다.

“이제 돌아가야 해요. 조금만 더 가면 블랙홀이 나타나요.”

“지구로 돌아가는 거죠?”

백설 공주는 신이 났습니다. 아버지와 친절한 궁궐 사람들을 다시 볼 수 있기 때문이지요.

아인슈타인은 핸들을 완전히 꺾었습니다. 로켓은 커다랗게 U자 모양을 그리며 지구로 되돌아갔습니다.

잠시 후 두 사람이 탄 로켓은 지구에 도착했습니다.

"저기 궁궐이 보여요."

백설 공주는 궁궐로 달려가려고 했습니다. 그러자 아인슈타인이 백설 공주를 말리면서 말했습니다.

"공주님, 지금 호킹 대왕님께서는 많이 편찮으십니다. 실직적인 통치는 헬리오스 왕비가 하고 있지요."

"아버지가요? 조금 전까지도 아버지는 건강하셨어요. 갑자기 왜 병이 나신 거죠?"

백설 공주가 놀라 물었습니다.

"우리는 지금 타임머신을 타고 미래로 온 거예요. 지금 랠러티 왕국은 20년 후가 되었지요"

아인슈타인이 말했습니다.

"그럴리가 없어요. 우린 로켓을 타고 아주 잠시 은하를 돌아다니다가 되돌아온 것뿐인데요."

백설 공주는 아인슈타인의 말을 믿을 수가 없었습니다.

"우리가 탄 로켓은 거의 빛의 속력으로 날아갔어요. 이렇게 아주 빠르게 움직이게 되면 로켓 안의 시간은 천천히 흐르고 지구의 시간은 빠르게 흐르지요. 그래서 우리가 잠시 로켓을 타고 여행하는 동안 지구의 시간은 아주 빠르게 흘러 20년 후가 된 거예요. 즉, 미래로 오게 된 것이지요."

"말도 안 돼요. 그렇다면 나는 매일 달리기를 하는데 왜 미래로 안 가는 거죠?"

백설 공주는 고개를 갸우뚱거리며 아인슈타인에게 물었습니다.

"달리는 속력으로는 미래로 갈 수 없어요. 거의 빛의 속력에 가까울 정도로 빠르게 움직여야 해요."

아인슈타인이 설명했습니다.

"빛이 얼마나 빠른데요?"

백설 공주가 물었습니다.

"빛은 이 세상에서 가장 빠르죠. 1초에 30만km를 움직일 수 있으니까요. 빛은 1초 만에 지구를 7바퀴 반이나 돌 수 있어요. 이렇게 빠르게 움직이면 미래로 갈 수 있답니다."

아인슈타인이 말했습니다.

백설 공주는 아인슈타인의 말이 잘 믿어지지 않았습니다.

하지만 빛이 어마어마하게 빠르기 때문에 그렇게 움직이면 가능할지도 모른다는 생각이 들었습니다.

“어서 궁궐로 들어가요. 아버지를 만나 뵙고 싶어요.”

백설 공주가 재촉했습니다.

“지금은 안 됩니다. 헬리오스 왕비의 군사들이 궁궐 곳곳을 지키고 있어요. 내일 아침 호킹 대왕이 왕비에게 옥쇄를 건네줄 때 옥쇄를 빼앗기로 해요.”

아인슈타인이 말했습니다.

백설 공주는 아버지를 하루빨리 볼 수 없어 아쉬웠지만 아인슈타인의 말을 따르기로 했습니다.

다음 날 아침 백설 공주와 아인슈타인은 허름한 복장으로 갈아입었습니다. 오늘은 헬리오스 왕비가 여왕이 되는 날이었습니다. 그 때문에 많은 사람들이 여왕의 즉위식에 참석하기 위해 궁궐로 들어가고 있었습니다.

백설 공주와 아인슈타인도 사람들 사이에 섞여 궁궐 안으로 들어갔습니다. 허름한 차림새 때문에 아무도 두 사람을 눈여겨보지 않았습니다.

여왕 즉위식은 많은 사람들이 모일 수 있는 그랍 광장에서

열렸습니다. 헬리오스 왕비는 분홍색 드레스를 곱게 차려입고 화려한 보석이 박혀 있는 황금 의자에 앉아 있었습니다.

"호킹 대왕이 나오십니다."

신하가 소리쳤습니다.

오랜 병으로 몸을 제대로 가누지 못하는 호킹 대왕이 신하들의 부축을 받으며 광장으로 걸어 나오고 있었습니다.

"아버지……."

백설 공주는 눈물을 글썽거렸습니다.

"조금 더 가까운 데로 가야 해요."

아인슈타인은 백설 공주에게 말했습니다. 두 사람은 사람들 사이를 뚫고 호킹 대왕과 헬리오스 왕비가 앉아 있는 곳

가까이로 다가갔습니다.

"지금부터 헬리오스 왕비께서 호킹 대왕이 건네주는 옥쇄를 받겠습니다. 옥쇄를 받는 순간부터 헬리오스 왕비는 이제 랠러티 왕국의 27대 여왕이 될 것입니다."

옥쇄 수여식을 진행하는 나이 많은 신하가 말했습니다.

광장에 모인 사람들의 표정은 그리 밝지 않았습니다. 헬리오스 왕비의 못된 성격을 잘 알고 있기 때문입니다. 하지만 왕비의 군사가 무서워서 모두들 침묵을 지키고 있었습니다.

호킹 대왕이 신하들의 부축을 받아 자리에서 일어났습니다. 헬리오스 왕비는 옥쇄를 받기 위해 호킹 대왕을 향해 걸어갔습니다.

“지금이에요.”

아인슈타인은 이렇게 외치고는 쏜살같이 호킹 대왕에게 달려가 옥쇄를 빼앗고는 백설 공주에게 건네주었습니다.

“이 분이 진정한 옥쇄의 주인인 백설 공주이십니다.”

아인슈타인은 모든 사람들에게 소리쳤습니다.

“백설 공주가 살아 있었어.”

“백설 공주만큼 착한 사람도 없어.”

사람들이 웅성거리기 시작했습니다.

헬리오스 왕비는 백설 공주를 노려보았습니다.

“공주님, 서둘러요.”

아인슈타인은 백설 공주의 손을 잡고 사람들 사이를 빠져나갔습니다.

“백설 공주를 잡아라.”

헬리오스 왕비가 신하들에게 명령했습니다.

“나의 딸 백설 공주, 살아 있었구나!”

호킹 대왕은 백설 공주가 살아 있다는 사실에 눈물을 흘렸습니다.

백설 공주와 아인슈타인은 성 밖으로 도망쳤습니다. 사람들은 헬리오스의 신하들이 공주를 잡으러 가는 것을 방해하여 두 사람이 도망치도록 도와주었습니다.

무사히 성 밖으로 나온 두 사람은 로켓에 올라탔습니다. 아인슈타인은 급하게 조종석에 앉았습니다.

“어디로 가는 거죠?”

백설 공주가 물었습니다.

“일단 제 고향인 안드로메다은하인 일곱 별로 가야겠어요. 그곳에는 공주님을 도와줄 사람들이 많으니까요.”

아인슈타인인 대답했습니다.

“사람들이 몰려와요.”

백설 공주가 소리쳤습니다.

아인슈타인은 시동을 걸었습니다. 로켓은 커다란 소리를 내며 위로 치솟더니 잠시 후 푸르게 빛나는 지구를 뒤로 하였습니다.

"지구가 너무 아름다워요."

백설 공주는 푸른 행성 지구의 아름다움에 잠시 도취되었습니다.

잠시 후 두 사람이 탄 로켓은 태양계를 빠져나갔습니다.

"안드로메다은하까지는 먼가요?"

백설 공주가 물었습니다.

"230만 광년이에요."

아인슈타인이 대답했습니다.

"광년이 뭐죠?"

"우주는 엄청 크기 때문에 거리를 km로 나타내지 않고 광년이라는 단위를 사용하지요. 1광년이란 빛의 속력으로 1년 동안 간 거리를 말해요. 빛은 1초에 30만 km를 가니까 1광년이란 엄청나게 먼 거리죠."

"이 로켓의 속력은 얼마 정도죠?"

"거의 빛의 속력이에요."

"그렇다면……."

백설 공주는 머뭇거렸습니다. 그리고 머릿속으로 계산을 해 보기 시작했습니다.

"그렇다면 230만 년이 걸리잖아요? 어떻게 우리가 죽기 전에 도착하지요?"

백설 공주가 의아해하며 물었습니다.

"상대성 이론 때문에 가능해요. 우리가 빛의 속력만큼 빠르게 움직이면 거리가 짧아지지요. 빠르면 빠를수록 거리는 더욱 짧아져요. 지금 이 로켓의 속력이라면 안드로메다은하까지는 10시간이면 갈 정도로 줄어들지요. 공주님은 그 시간 동안 푹 주무시고 계세요. 안드로메다은하에 도착하면 깨워 드릴게요."

아인슈타인이 말했습니다.

어느새 백설 공주는 의자에 기대어 새근새근 잠이 들어 있었습니다. 두 사람이 탄 로켓은 아름다운 우주를 날아 안드

로메다은하에 도착했습니다.

안드로메다은하는 백설 공주가 살고 있는 은하와 거의 비슷한 모습입니다. 은하의 중심에는 밝고 커다란 수많은 별들이 반짝이고 있었습니다.

두 사람이 탄 로켓은 은하 중심으로부터 한참 떨어진 곳을 향했습니다.

"여긴 별들이 거의 없어요."

백설 공주의 눈앞에는 깜깜한 우주가 펼쳐졌습니다.

"은하 중심에는 별이 매우 많지만 중심에서 멀어지면 별이 적어지지요."

아인슈타인이 다시 한번 설명해 주었습니다.

"어디가 당신의 고향인 일곱 별이죠?"

"이제 다 와 가요."

두 사람이 얘기를 주고받는 사이에 저 멀리서 희미한 빛이 보였습니다.

"그런데 궁금한 게 있어요. 별은 아주 뜨겁잖아요? 그런데 어떻게 사람이 살지요?"

백설 공주는 걱정이 되었습니다.

"우리가 사는 일곱 별은 모두 죽은 별들이에요. 그러니까 더 이상 빛과 열을 내지 않아요."

"그렇다면 어두컴컴하겠군요."

"그럴까요?"

아인슈타인은 의미심장한 미소를 지었습니다. 그때 희미한 빛을 내는 천체가 눈앞에 나타났습니다.

"저게 바로 제7별이에요. 저 일곱 난쟁이 중 막내가 다스리고 있답니다."

아인슈타인은 이렇게 말하고는 제7별에 착륙했습니다. 잠시 후 로켓의 문이 열리고 두 사람은 로켓에서 내렸습니다.

"발을 들 수가 없어요."

백설 공주는 아주 강한 자석에 달라붙은 쇳조각처럼 땅에서 발을 뗄 수가 없었습니다. 뿐만 아니라 팔도 위로 들어 올릴 수 없었지요.

"도대체 왜 제가 못 움직이는 거죠?"

백설 공주는 울먹거렸습니다.

"이 별은 중력이 아주 큰 백색 왜성이랍니다. 중력은 천체가 우리를 잡아당기는 힘이에요. 중력 때문에 물체가 바닥으로 떨어지게 되는 것이지요. 하지만 이와 반대로 우리가 점프를 하려면 중력보다 큰 힘을 위쪽으로 줘야 합니다. 지구와 같이 중력이 작은 행성에서는 그런 힘을 쉽게 만들어 낼 수 있지요. 하지만 이 행성은 중력이 크고 우리는 중력을 이겨 낼 수 있는 힘을 위로 작용할 수 없으니까 발이나 손을 위로 들어 올릴 수 없는 거예요."

아인슈타인이 설명했습니다.

"영원히 이렇게 붙어 있어야 하나요?"

백설 공주의 목소리가 떨렸습니다.

"이렇게 중력이 큰 별에서도 움직이는 방법이 있어요."

아인슈타인이 방긋 웃었습니다.

잠시 후 굴착기를 닮은 커다란 로봇이 나타났습니다.

"저게 뭐죠?"

"이 행성에서 우리를 이동시켜 주는 포크 로봇이에요. 아주 강력한 힘으로 물체를 들어 올릴 수 있으니까 이 행성의 중력을 이겨낼 수 있어요."

"제가 물체라고요?"

백설 공주는 얼굴을 찡그렸습니다.

그때 포크 로봇이 백설 공주에게로 가까이 왔습니다. 그리고 오른팔로 백설 공주를 번쩍 들어 올렸습니다.

"무서워요, 내려 줘요!"

백설 공주는 놀라서 울먹거렸습니다.

"공주님, 이 방법이 아니고는 움직일 수 있는 방법이 없어요."

아인슈타인이 백설 공주를 설득했습니다.

포크 로봇은 왼손에는 아인슈타인을, 오른손에는 백설 공

주를 집어 들고 뚜벅뚜벅 걸어갔습니다.

잠시 후 두 사람과 포크 로봇은 조그만 건물 앞에 도착했습니다.

포크 로봇은 두 사람을 건물 앞에 내려 주었습니다. 건물 안에는 아인슈타인보다 어려 보이는 난쟁이가 있었습니다.

"저희 제7별 방문을 환영합니다."

난쟁이가 백설 공주에게 인사했습니다.

"우리 일곱 난쟁이 중 막내인 펜로즈예요. 이 별을 다스리고 있지요."

아인슈타인이 펜로즈를 백설 공주에게 소개해 주었습니다.

"여기는 어디죠?"

백설 공주가 물었습니다.

"이 곳은 우리 제7별의 모든 곳을 관찰할 수 있는 천문대예요. 이 천체 망원경으로는 아주 먼 곳까지도 볼수 있답니다."

펜로즈가 설명했습니다. 백설 공주는 천체 망원경을 들여다보았습니다. 수많은 별들이 보였습니다.

"너무 아름다워요."

백설 공주가 탄성을 질렀습니다. 백설 공주는 망원경에서 눈을 뗄 수 없었습니다. 우주가 너무 아름다웠기 때문이지요.

그날 이후 백설 공주는 제7별에서 다른 난쟁이들을 모두

만날 수 있었습니다. 난쟁이들은 각각의 별에서 일을 하다가 밤이 되면 제7별에 모여 재미있는 얘기를 나누었습니다. 그것은 제7별의 중력이 다른 별들보다는 작았기 때문이지요.

한편 지구에 있는 헬리오스 왕비는 오랜만에 노트북 컴퓨터를 켰습니다.

"백설 공주가 블랙홀로 빨려 들어갔으니까 내가 세상에서 제일 예쁘겠지?"

헬리오스는 노트북에 다음 글을 입력했습니다.

"이 우주에서 가장 아름다운 여자는 누구지?"

잠시 후 화면에 여자의 얼굴이 나타났습니다. 하지만 화면에 나타난 여자는 헬리오스가 아닌 백설 공주였습니다.

"백설 공주가 살아 있다니……."

헬리오스는 매우 화가 났습니다. 그는 우주 네트워크를 통해 백설 공주가 있는 곳을 알아냈습니다. 그러고는 자신의 광속 로켓을 타고 안드로메다은하의 제7별로 향했습니다.

한편, 일곱 난쟁이들은 제3별에서 일을 하고 있었고, 백설 공주는 헬리오스가 오는 줄 모르고 제7별에서 혼자 식사를 하고 있었습니다. 중력이 너무 강해 음식을 들어 올리 수 없어 백설 공주는 미니 포크 로봇이 집어 주는 음식을 입으로 받아먹고 있었습니다.

드디어 헬리오스는 제7별에 도착했습니다. 제7별이 백색 왜성이라는 정보를 알고 온 헬리오스는 자신의 포크 로봇을 데리고 왔기 때문에 중력이 큰 제7별을 맘대로 돌아다닐 수 있었습니다.

"사과 사세요."

늙은 사과 장수로 변장한 헬리오스가 백설 공주의 집 앞에서 소리쳤습니다.

"누구세요?"

백설 공주가 창밖으로 얼굴을 내밀고 물었습니다.

"귀여운 아가씨, 이 사과는 우주에서 가장 맛있다는 사과예요!"

헬리오스가 사과를 내보이며 말했습니다.

"저는 돈이 없어요."

"아가씨가 예쁘니까 그냥 드릴게요."

"고마워요, 할머니."

백설 공주는 이렇게 말하고는 사과를 건네받았습니다.

"옳지, 이제 계획대로 공주가 사과를 먹으면 온몸에 독이 퍼져 바로 죽을 거야."

헬리오스는 속으로 만세를 불렀습니다. 아니나 다를까 공주는 사과를 한입 베어 물자마자 그 자리에서 쓰러졌습니다.

"히히히."

헬리오스는 기분 나쁜 웃음을 지으며 다시 자신의 로켓에

올라탔습니다. 로켓은 제3별 쪽으로 향했습니다.

"잠시 저 별이나 구경하고 갈까?"

헬리오스는 제3별에 착륙했습니다. 하지만 별이 너무나 빠르게 회전해 붙어 있을 수가 없었습니다. 그 별은 아주 빠르게 자전하는 중성자별이었으니까요.

"정신을 못 차리겠어. 이 별을 빠져나가야지."

헬리오스가 탄 로켓은 제3별의 빠른 회전 때문에 아주 빠른 속도로 우주로 튕겨 나갔습니다.

"휴! 이제야 빠져나왔군."

헬리오스는 안도의 한숨을 내쉬었습니다. 하지만 그것도 잠시뿐이었습니다.

"어! 왜 핸들이 말을 듣지 않지?"

헬리오스는 로켓이 어딘가로 끌려가고 있다는 것을 눈치챘습니다. 저 멀리 어두운 구멍처럼 생각되는 곳이 헬리오스의 눈앞에 나타났습니다. 그곳은 바로 모든 물체를 빨아들이는 블랙홀이었습니다.

"안 돼!"

헬리오스는 비명 소리와 함께 블랙홀로 빨려 들어가서 다시는 이 우주로 돌아오지 못하는 신세가 되었습니다.

한편, 일곱 난쟁이들이 집으로 돌아왔을 때 백설 공주는 사과의 독 때문에 쓰러져 있었습니다.

"공주님, 정신 차리세요."

"이게 어떻게 된 거지?"

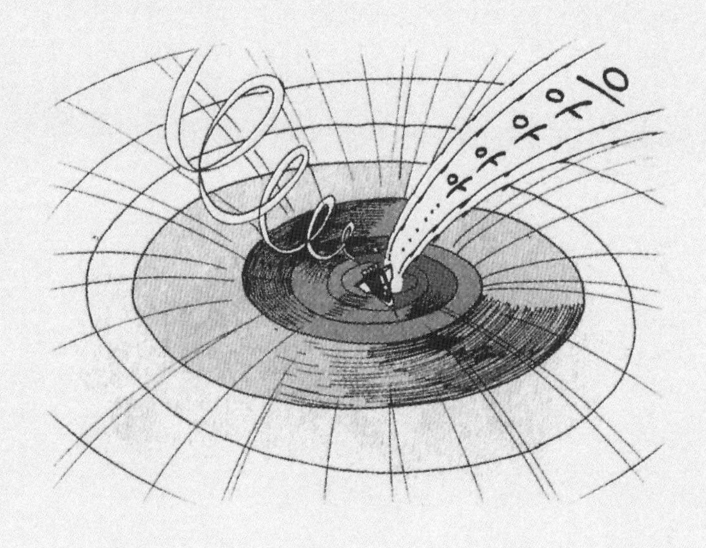

"혹시 나쁜 왕비가 다녀간 것이 아닐까?"

"흑흑, 공주님 돌아가시면 안 돼요."

난쟁이들은 눈물을 흘렸습니다. 하지만 공주는 깨어나지 않았습니다.

그때, 가장 나이 많은 난쟁이 아인슈타인이 말했습니다.

"우리 별에는 해독제가 없어. 빨리 공주님을 지구로 보내서 해독제를 먹게 해야 해."

"하지만 지구까지 가기 전에 온몸에 독이 퍼져 죽을 거예요."

둘째 난쟁이가 말했습니다.

"그러니까 시간이 안 흐르게 해야지."

"무슨 좋은 방법이 있어요?"

"웜홀을 이용하여 지구로 보내는 거야. 웜홀은 블랙홀이 입구이고 화이트홀이 출구인 우주의 터널이지. 그런데 웜홀을 지나는 동안에는 시간이 흐르지 않거든."

"하지만 블랙홀을 통해 가다 보면 다른 우주로 가게 될 수도 있잖아요?"

"그건 내게 맡겨. 내가 지구로 안전하게 갈 수 있는 웜홀을 알고 있어."

아인슈타인이 자신 있게 말했습니다.

아인슈타인은 백설 공주를 초광속 로켓에 태우고는 어딘가로 날아갔습니다. 로켓은 아주 강한 중력에 힘없이 빨려 들어가더니 블랙홀 속으로 들어갔습니다.

아인슈타인은 블랙홀 속에서 정신을 잃었습니다. 잠시 후 깨어났을 때는 푸르게 빛나는 지구가 보였습니다.

"드디어 지구에 왔어."

로켓은 지구의 대기권으로 아주 빠르게 들어갔습니다. 하지만 웜홀에서 연료가 바닥난 로켓은 무서운 속도로 추락하기 시작했습니다. 다행히 초강력 낙하산이 작동되어 어느 정도 속도를 낮출 수는 있었지만 로켓은 땅에 곤두박질치고 말았습니다.

"여기가 어디지?"

기절했던 백설 공주가 깨어나 주위를 두리번거리면 말했습니다.

"공주님, 깨어나셨군요."

아인슈타인이 반가운 얼굴로 말했습니다. 로켓이 곤두박질치는 바람에 백설 공주의 입속에서 먹다 만 사과 조각이 튀어나왔고, 웜홀을 통과하는 동안 시간이 흐르지 않아 백설 공주의 몸에 독이 퍼지지 않았던 것이죠.

백설 공주는 아버지가 걱정이 되어 랠러티 왕국으로 가 보

왔습니다. 하지만 모든 것이 달라져 있었습니다.

백설 공주가 아는 사람도 백설 공주를 알아보는 사람도 없었던 것이죠.

"이게 어떻게 된 거죠?"

백설 공주가 물었습니다.

"이곳은 공주님이 떠난 뒤로 460만 년의 시간이 지난 미래예요. 지구에서 안드로메다은하까지는 230만 광년이지요. 공주님은 웜홀을 통해 왔기 때문에 공주님의 시간으로는 한 순간이었지만 지구에서는 230만 년의 시간이 흘러버린 거죠. 그러니까 안드로메다은하를 왕복하는 동안 지구는 460만 년의 시간이 흐르게 된 거예요."

"그럼 저는 이제 이곳에서 어떻게 살아가죠?"

공주는 걱정스러운 눈빛으로 말했습니다.

"우리 별로 가시죠. 저희랑 함께 살아요."

아인슈타인이 제안했습니다.

"지금은 그 선택밖에 없군요."

백설 공주는 아인슈타인의 뜻을 따르기로 했습니다. 둘은 로켓에 연료를 다시 채우고 안드로메다은하의 일곱 별로 날아갔습니다.

백설 공주가 돌아오자 난쟁이들은 모두 좋아했고, 백설 공주는 그곳에서 일곱 난쟁이, 포크 로봇들과 함께 행복하게 살았습니다.

과학자 소개

별의 진화에 대해 연구한 찬드라세카르Subrahmanyan Chandrasekhar, 1910~1995

미국의 천문학자이자 천체 물리학자로서 유명한 찬드라세카르는 인도의 라호르(현재의 파키스탄)에서 태어났습니다. 찬드라세카르는 1930년에 노벨 물리학상을 받은 물리학자 라만의 조카입니다.

인도에서 대학까지 마친 찬드라세카르는 영국에서 인도 학생에게 지원하는 장학금을 받아 케임브리지 대학교 대학원에서 공부를 하게 됩니다. 찬드라세카르는 여기서 박사 학위를 받고 1937년부터 여키스 천문대에서 연구를 시작하였습니다.

찬드라세카르의 대표적인 업적은 백색 왜성을 연구한 것입니다. 그는 인도에서 케임브리지 대학에 다니기 위해 배를 타고 영국으로 가는 긴 시간 동안 이 연구를 시작했다고 합니다. 영국으로 온 찬드라세카르는 동료 윌리엄 파울러와 함께 태양보다 약 1.4배 이상으로 무거운 별은 백색 왜성이 될 수 없다는 것을 증명하였고, 이 사실을 바탕으로 여러 종류의 별의 죽음을 예측하였습니다.

이 사실을 처음 발표하였을 때 천문학자인 에딩턴(Arthur Eddington)은 찬드라세카르의 의견을 무시하고 조롱하였습니다. 자신의 의견이 무시당하자 찬드라세카르는 천문학이 아닌 다른 분야를 연구하려고도 하였습니다. 하지만 1930년대 후반이 지나자 에딩턴을 제외한 대부분의 천문학자들이 찬드라세카르의 말이 옳다는 것을 깨닫게 되었습니다. 무거운 별의 죽음을 정확하게 밝힌 공로로 찬드라세카르는 파울러(William Fowler)와 함께 1983년에 노벨 물리학상을 공동 수상하였습니다.

찬드라세카르는 또 《항성 내부 구조론 입문》(1939), 《항성 역학 개요》(1943), 《복사 전달》(1950) 등의 저서도 남겼습니다.

과학 연대표

언제, 무슨 일이?

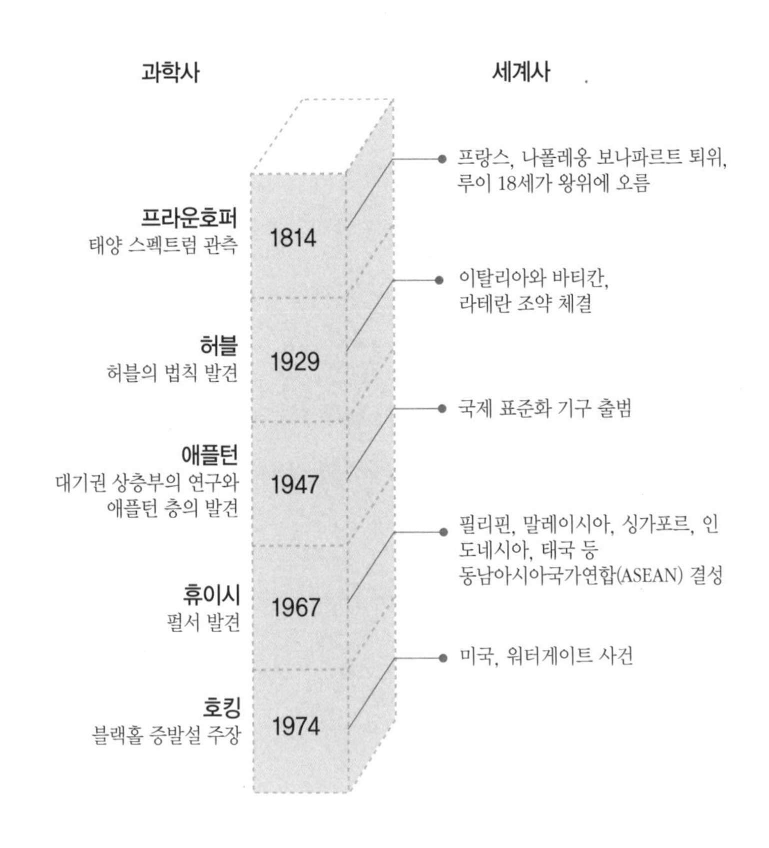

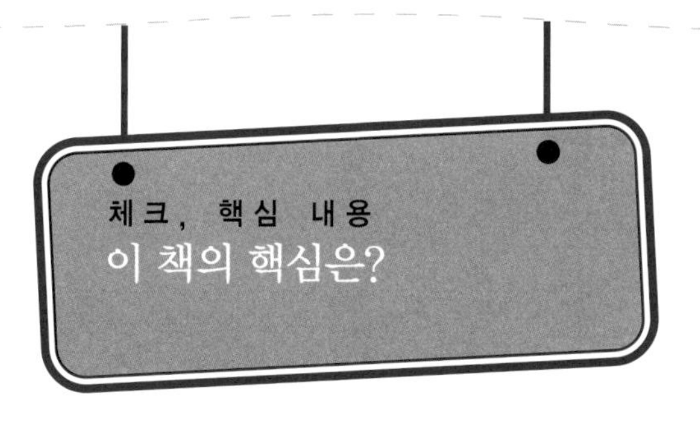

1. □□□ 은 별이나 행성과 같은 천체의 탄생과 구조를 밝히는 과학입니다.
2. 1등성은 6등성보다 □□□ 배 밝습니다.
3. 물체는 온도가 높을수록 큰 에너지를 가지기 때문에 온도가 높은 물체는 에너지가 큰 빛인 □□□ 을 내고, 온도가 낮은 물체는 에너지가 작은 □□□ 을 냅니다.
4. 별과 별 사이에 있는 기체 상태에 있는 물질을 □□ □□ 라고 부릅니다.
5. 별이 점점 커져 최대 크기가 되면 표면 온도가 가장 낮아져 빨간색을 띠게 되는데, 이 별을 □□ □□ 이라 부릅니다.
6. 1967년 케임브리지 대학의 휴이시는 규칙적인 펄스를 내는 천체를 발견하였습니다. 펄스는 아주 짧은 시간 동안만 흐르는 전파를 말하는데, 휴이시는 이 천체를 펄스를 보내는 천체라는 의미로 □□ 라고 불렀습니다.

1. 천문학 2. 100 3. 보랏빛, 빨간빛 4. 성간 가스 5. 적색 거성 6. 펄서

이슈, 현대 과학

초신성 폭발로 해양성 생물 멸종

2002년 1월 8일에 열린 미국 천문학회에서 존스 홉킨스 대학의 천문학자 베니테스 교수는 플라이오세(선신세)와 플라이스토세(홍적세) 사이에 식물성 플랑크톤이 대량 멸종한 것은 초신성 폭발 때문이라고 주장했습니다.

지질 시대의 플라이오세와 플라이스토세 사이는 지금으로부터 약 200만 년 전에 해당하는데, 이때 전갈자리와 켄타우루스자리의 온도가 높은 젊은 별들 사이에서 초신성 폭발이 일어났고 이것이 당시 바다에 살던 식물성 플랑크톤을 멸종시켰다는 것입니다.

베니테스는 바다 밑의 퇴적물을 연구한 결과 퇴적물 속에 철-60 동위 원소가 많이 존재한다는 것을 알아냈습니다. 동위 원소는 원래의 원소와 양성자의 개수는 같지만 중성자의 개수가 달라서 질량이 다른 원소를 말합니다. 철-60 동위 원소는 초신성 폭발 때 방출되는 원소이므로 이때 방출된 높은 에너지의 방사선이 지구의 바다에 영향을 주었을 것이라고 주장했습니다. 현재 이 별들의 집단은 지구로부터 450광년 떨어져 있습니다.

유럽에서 쏘아 올린 히파르코스 위성이 관측한 자료에 의하면 과거에는 이 별들이 지구로부터 100광년 떨어진 거리에 있었으며 초신성 폭발 때 높은 에너지를 가진 우주선이 지구로 방출되어 지구 대기의 오존층을 파괴했을 것이라고 주장했습니다.

이번 연구에 의하면 1,100만 년 동안 이 정도 거리의 별들에서 약 20회 정도의 초신성 폭발이 일어난 것으로 알려졌습니다.

베니테스는 해저 퇴적층의 철-60 동위 원소가 초신성이 폭발한 시기에 만들어진 것이라는 좀 더 확실한 증거를 찾고 있습니다.

초신성은 태양보다 훨씬 무거운 별이 죽을 때 갑자기 수억 배나 밝아지면서 폭발하는 현상입니다. 1987년에 관측된 초신성은 1987A라 부르며 지구로부터 17만 광년 떨어진 곳에 있는 것으로 순간적으로 엄청난 양의 빛을 뿜어냈습니다.

찾아보기

어디에 어떤 내용이?